国明的美食课堂

国明姐的
创意饼干蛋糕

国明 著 文怡美食生活馆培训总监
国家高级西点师

CAKE
BISCUIT

青岛出版社
QINGDAO PUBLISHING HOUSE
国家一级出版社
全国百佳图书出版单位

图书在版编目（CIP）数据

国明姐的创意饼干蛋糕 / 国明著. —青岛：青岛出版社, 2014.5

ISBN 978-7-5552-0766-5

Ⅰ.①国… Ⅱ.①国… Ⅲ.①饼干—制作②蛋糕—制作 Ⅳ.①TS213.2

中国版本图书馆CIP数据核字(2014)第102657号

书　　名　国明姐的创意饼干蛋糕
著　　者　国　明
策　　划　北京日知图书有限公司
出版发行　青岛出版社
社　　址　青岛市海尔路182号（266061）
本社网址　http://www.qdpub.com
邮购电话　13335059110　0532-85814750（传真）0532-68068026
组稿编辑　周鸿媛
责任编辑　贺　林
特约编辑　鹿　瑶
装帧设计　刘潇然　韩少杰　王道琴
制　　版　青岛艺鑫制版印刷有限公司
印　　刷　青岛炜瑞印务有限公司
出版日期　2014年8月第1版　2014年8月第1次印刷
开　　本　16开（710mm × 1010mm）
印　　张　12
字　　数　150千
书　　号　ISBN 978-7-5552-0766-5
定　　价　34.80元

编校质量、盗版监督服务电话　4006532017
青岛版图书售后如发现质量问题，请寄回青岛出版社出版印务部调换。
电话：0532-68068638
建议上架：美食　烘焙　西餐

CAKE&BISCUIT

FOREWORD

甜蜜蛋糕遇上幸福饼干

人的一生会有很多梦想，相信很多人都曾梦想过拥有一家像童话故事里一样梦幻的蛋糕店，这是单纯的孩子心中最常见的五颜六色的梦。窗明几净，芳香四溢，漂亮的蛋糕各式各样——每次经过蛋糕店，我总会停下脚步，望着橱窗里的蛋糕，心里说不出来的甜蜜和幸福。

俗话说，人靠衣装马靠鞍。好吃的蛋糕和饼干只有配上漂亮的外观，才能称为完美的糕点。然而对于不常接触西点的我们，能做出还算好吃的蛋糕饼干就已经欣喜不已，外观漂不漂亮已经无力顾及。其实在我看来，与烘焙蛋糕饼干相比，装饰它们也并不是难事。通过各种材料和手法的变化，把其貌不扬的蛋糕、饼干装饰得精致梦幻，会让你精心烘焙出的蛋糕饼干变得更加有吸引力，看起来更好吃，在满足自己和家人味觉的同时，也给大家带去更多美的享受，为生活平添了更多乐趣和色彩，你会发现原来厨房里也处处充满了艺术。

我之前出版过一系列烘焙入门书籍（《人人都能学会的超赞甜点》《人人都爱的经典蛋糕配方》《纯天然健康手工面包》《自创独一无二的美味饼干》《手作健康甜品冰品》等），和很多刚刚开始接触和学习西点DIY的爱好者们经历了认识烘焙、了解烘焙、学习烘焙和制作烘焙作品的过程，那么这次，我们将晋升一个等级，一起进入西点装饰的基础课程吧。

当你看完并学习了这本书中的制作技巧后，你就会做出比之前更华丽更漂亮的西点作品。想象一下，当你把不亚于高级蛋糕店制作的西点端上家里的餐桌，或者送给亲朋好友时，她们钦佩和惊喜的眼神吧。

CAKE&BISCUIT

CONTENTS 目录

Part 3
超人气时尚装饰蛋糕

Part 4
极致浪漫的慕斯蛋糕

Part 5
小巧可爱的杯子蛋糕

1.工具
TOOLS

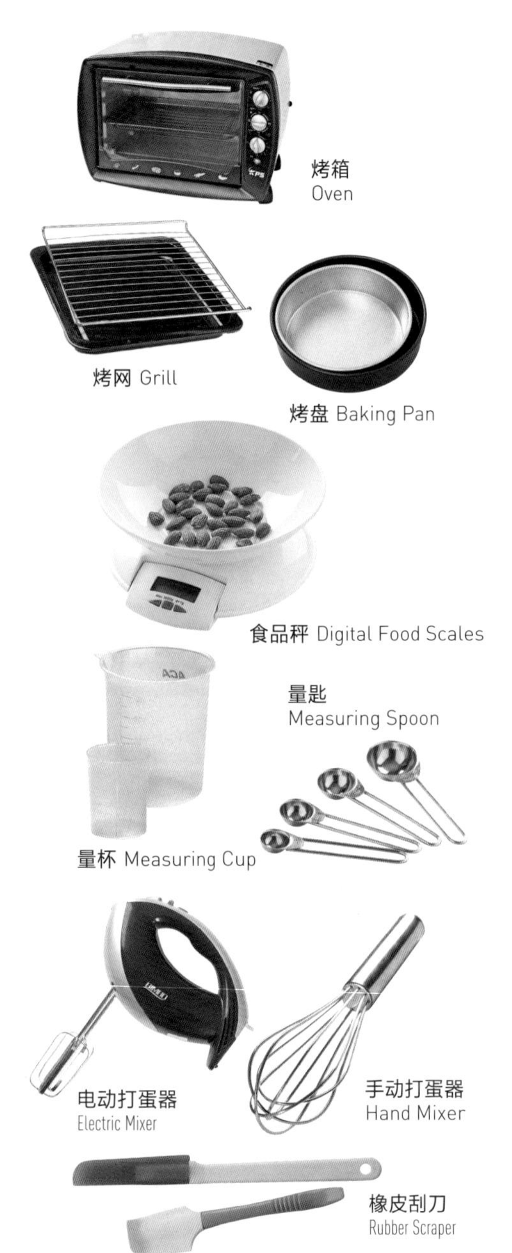

1 烤箱、烤盘和烤网

烤箱一般会附带烤盘和烤网。烤盘用来盛放需要烘烤的食物，如肉类、饼干类和面包等。烤网可以用来烘烤带有模具的食品，如蛋糕和各种派。烤网还可以用来晾凉烤好的食物。

2 食品秤、量杯和量匙

做点心需按照配方严格称量配料。一般按重量称量的固体用食品秤，按容积称量的液体用量杯，1杯＝240毫升；极少用量的粉类和液体可以用量匙称量，量匙一般有4个规格：一大匙或叫一汤匙（15毫升）、一小匙或叫一茶匙（5毫升）、1/2小匙（2.5毫升）、1/4小匙（1.25毫升），量取时如果是粉类，按一满匙并刮去多余的冒尖部分为准。

3 电动打蛋器

用来打发鲜奶油和蛋白以及像黄油、奶酪等用手搅拌比较费力的原料。电动打蛋器的功率不尽相同，一般来说功率越大，搅打的力度越大，需要搅打的时间也越短。家庭使用，以选择功率在100瓦以上的电动打蛋器为宜。

4 手动打蛋器

可以搅拌蛋黄、稀面糊等比较不费力的原料。

5 橡皮刮刀

非常好用的混合及搅拌工具，能把倒入模具的湿面糊表面刮得很平整，减少浪费，保证美观。

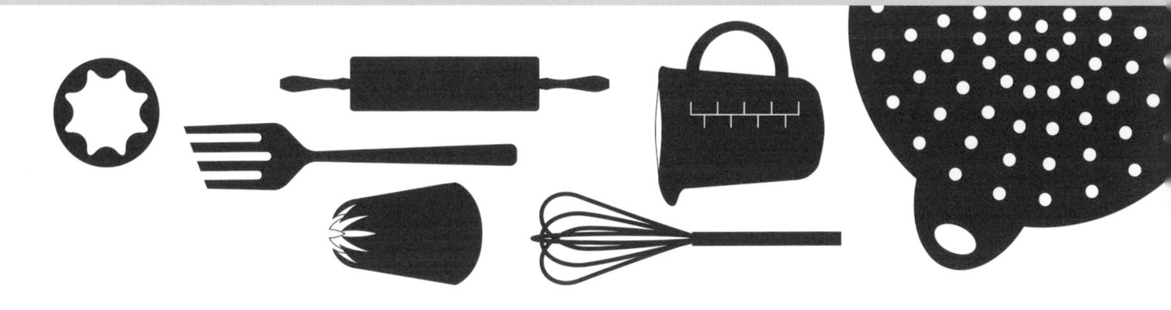

6 擀面杖、不锈钢刮板

擀面杖推荐使用滚轴式的，这种擀面杖可以用于擀面片等，表面有不沾设计，能够更轻松地擀面和清洗，使用非常方便。

7 油纸、不沾油布、玻璃纸

油纸和不沾油布用来垫烤盘防沾用。这些材质都是耐高温的，可以放心地在烤箱中使用。另外油纸比较透明，可以内衬花纹制作巧克力装饰或是彩绘蛋糕卷。玻璃纸可以制作巧克力饰品。

8 模具

烘焙模具包括金属蛋糕模、蛋糕卷薄盘、金属杯子蛋糕模、硅胶杯子蛋糕模、各种一次性纸杯模、大小慕斯圈、饼干模、翻糖金属和塑料压模。

9 裱花转台

在做装饰蛋糕的时候，转台是必不可少的小道具，可以让制作过程变得快捷简单。

10 翻糖工具套装

镊子、牙签、小刀、毛刷。

11 抹刀

用来抹平打发鲜奶油，是制作装饰蛋糕常用的工具。

12 花嘴、裱花袋

用来做装饰蛋糕上的花朵及图案。

2. 原料
INGREDIENTS

高筋面粉
Strong Flour

中筋面粉
Plain Flour

低筋面粉
Self-raising Flour

玉米淀粉
Corn Flour

小苏打
Baking Soda

泡打粉
Baking Powder

1 高筋面粉

小麦面粉蛋白质含量在12.5%以上，是制作面包的主要原料之一。

2 中筋面粉

小麦面粉蛋白质含量在9%～12%，多用于制作中式点心如馒头、包子、水饺以及部分西饼，如派皮等。

3 低筋面粉

小麦面粉蛋白质含量在7%～9%，是制作蛋糕和饼干的主要原料之一。

4 玉米淀粉

又叫玉米粉、粟粉，溶水后通过加热可产生胶凝特性，多用于馅料中。还可在蛋糕的配方中加入适当分量以降低面粉筋度。

5 小苏打

化学膨大剂的一种，碱性。常用于酸性较重的点心配方中，例如含有巧克力、蜂蜜、糖浆果汁的点心。巧克力为酸性，大量使用时会使西点带有酸味，因此可使用少量的苏打粉做为膨大剂中和其酸性。同时，苏打粉也有使巧克力加深颜色的效果，使其看起来更黑亮。

6 泡打粉

又称发酵粉、发粉或速发粉，化学膨大剂的一种，广泛使用于各式蛋糕、西饼的配方中。泡打粉是中性的，因此，它不能用来替换配方中的小苏打。

7 可可粉

可可粉具有浓烈的可可香气，呈深棕色，

可可粉
Cocoa Powder

抹茶粉
Green Tea Powder

黄油
Butter

鲜奶油
Fresh Cream

奶酪
Cheese

酸奶
Yogurt

广泛用于糕点、巧克力、冰淇淋、糖果及其他食品的制作和表面装饰。

8 抹茶粉

抹茶粉是蒸青的绿茶研磨后所得的粉末，味道清香且颜色鲜艳，可当作天然色素使用。可可粉、竹炭粉、红曲米等也可用来做天然色素。

9 黄油

黄油是从牛奶中提炼出来的油脂，拥有天然乳香味，也称乳脂或白脱油。黄油中脂肪含量占87%左右，而剩下约13%的成分为蛋白质、矿物质、水及乳糖等。黄油有含盐和无盐之分。一般在烘焙中使用的都是无盐黄油，如果用含盐的黄油，需要相应减少配方中盐的用量。

10 动物性鲜奶油

从牛奶中提炼而出的乳脂肪，营养丰富，奶香浓郁，状态比牛奶更浓稠，并且能通过搅打后变得膨胀。

11 植物性鲜奶油

又称人造鲜奶油，主要成分为棕榈油、玉米糖浆及其他氢化物。植物性鲜奶油通常是已经加糖的，打发后的状态细腻洁白，性质较动物性鲜奶油更稳定，能做出更复杂的装饰效果。

12 奶酪

也称芝士、起司等，是一种发酵的奶制品，跟酸奶一样都是通过发酵过程来制作的，但是奶酪的浓度比酸奶更高，近似固体，营养价值也因此更加丰富。每千克奶酪

白糖
Caster Sugar

糖粉
Icing Sugar

吉利丁片
Gelatine Sheet

制品都是由10千克左右的牛奶浓缩而成，含有丰富的蛋白质、钙、脂肪、磷和维生素等营养成分，是纯天然的食品。奶酪通常是以牛奶为原料制作的。根据制作工艺及原料的不同，奶酪在口感、味道上有很大差别。

13 酸奶

酸奶是牛奶发酵后的奶制品，富含牛奶所有的营养素并且更容易被人体吸收。

14 砂糖和绵白糖

砂糖的主要成分是蔗糖。在制作点心时一般使用细砂糖，它的颗粒细小更易融化，而且能吸收更多的油脂。粗砂糖一般用来制作糖浆，粗颗粒的结晶比细的反而更纯，所以做出的糖浆更晶莹剔透。而绵白糖是细小的蔗糖晶粒被一层转化糖浆包裹而成的，它的水分高，更绵软，适合直接食用，家庭制作甜点也可以用来替代细砂糖使用。

15 糖粉

糖粉是指砂糖磨成粉并添加少量淀粉防止结块的粉末。一般用于装饰和制作某些含水分较少的品种或需要使糖很快与其他原料混合的品种，如饼干。

16 鸡蛋

鸡蛋是制作蛋糕最常用到的原料之一，在西点制作中有非常重要的作用，它可以提升糕点的营养价值、增加香味、乳化结构、增加金黄的色泽，具有凝结作用，可作为膨大剂使产品增加体积。在作为烘焙原料使用时，常会将蛋白和蛋黄分开处理，或只用其中的蛋白或蛋黄部分。

17 吉利丁片/吉利丁粉

又称明胶或鱼胶。它是由牛骨或鱼骨提炼而来的胶原蛋白，具有凝结作用，遇热溶化。有粉状和片状不同的形态，片状呈半透明黄褐色，需要提前用冰水浸泡5分钟后使用，这样可使其吸足水分更易与其他液体混合，并能有效地去除它的腥味。

18 黑巧克力、白巧克力

巧克力融化后常用于各式点心的制作中，融化时最好选用隔水加热的方法，水温维持在50～70℃即可。

白巧克力
White Chocolate

黑巧克力
Dark Chocolate

巧克力豆
Chocolate Been

19 巧克力豆

是表面经过特殊处理的耐高温的特殊巧克力制品。

20 朗姆酒、白兰地

朗姆酒是以甘蔗糖蜜为原料生产的一种蒸馏酒，也称为兰姆酒、蓝姆酒。原产地在古巴，口感甜润、芬芳馥郁。白兰地是英文Brandy的译音，它是以水果为原料，经发酵、蒸馏制成的酒。通常所称的白兰地专指以葡萄为原料，通过发酵再蒸馏制成的酒。而以其他水果为原料，通过同样的方法制成的酒，常在白兰地酒前面加上水果原料的名称以区别其种类。

21 香草精、食用色素

香草精是众多香精中的一种，有纯天然香草精与人工香草精之分。常用于糕点类去除蛋腥味或是制作香草口味点心时使用。因为是浓缩香精，所以用量不宜太多，以免过于浓重的香草味覆盖了糕点原本应有的味道。

22 装饰用坚果、水果、糖果及饼干

蛋糕装饰食品是为蛋糕作品进行画龙点睛的必需品。常用的坚果有花生、核桃、杏仁、松子、榛子等。饼干是近年来比较流行的装饰品，手指饼干、奥利奥饼干等都可根据需要灵活运用。水果及水果罐头在使用时需要注意做好造型。

糖果
Candy

核桃
Walnut

杏仁
Almond

榛子
Hazelnut

饼干
Biscuit

白兰地
Brandy

朗姆酒
Rum

香草精
Vanillon Extract

食用色素
Food Colouring

3.关于烤箱
ABOUT OVEN

如何选择烤箱

家用烤箱的品牌和规格有很多，选择时需注意以下几个要点：

❶ 最高温度能达到250℃：家庭烘烤食品所需温度一般都不超过250℃；

❷ 可以定时60分钟或更长时间：有些点心或肉类需要烤很久，能定时60分钟或120分钟的烤箱在烤制时更方便；

❸ 容积在25升以上为宜，并且内部有至少3层放置烤盘的位置：足够的空间才可以放置比较常用的蛋糕模具，而且容积越大的烤箱相对来说空间内部温度越均匀；此外，不同的糕点在烘烤时需要放置在上下不同位置；

❹ 烤箱有顶部和底部两层加热原件，并且可以分开控制开关：这样有些产品需要单独用上火或下火时才更好控制。

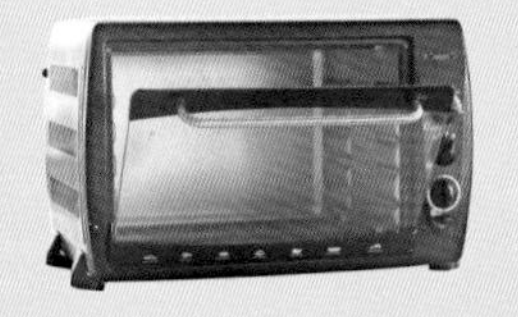

如何预热

食物被放入烤箱烘烤前，烤箱应已经达到了需要的温度。这样就需要提前5～10分钟将旋钮转到指定的温度，让烤箱空烧一会儿，这就是预热。

Cooking tips

使用注意事项

1.新买来的小型烤箱，里面的很多零件都是用胶性材料黏合的，第一次使用时最好空烧20分钟左右，让胶性材料的气味有效挥发。

2.使用烤箱尤其要注意防烫，手千万不要碰触到上下加热管。同时，拿取热的烤盘也一定要带手套。此外，热的烤盘要放置在防烫的木板、石板或金属材质上，以免烫坏桌面等家具。

3.烤箱每次使用完毕要立即进行清理，将滴落在烤盘、烤箱内的油、水和蛋糕面糊等及时擦拭干净。如果是烤肉，更应该趁烤箱温热时，用抹布沾温热的洗洁精将油污擦干净，并打开烤箱门进行放味。

烤箱的层数怎么分

烤箱内侧壁有几个横向凹槽或凸起的铁架，这是用来架放烤盘或烤网的，烤箱内能达到5层这样的凹槽或铁架是最好用的，可以根据不同的食品，放在烤箱的不同位置，通常有中层、上层、下层、中上层和中下层。普通家庭用烤箱至少也应该有三层位置才比较方便。

关于烤箱的烘烤温度和烘烤时间

每种糕点都有烘烤时间和烘烤温度，但这只是个参考，因为每个烤箱，根据品牌、型号的不同个体之间都会存在一些温度的差异，一般上下20℃之内都很常见。因此烘培温度和时间可根据烤箱情况进行微调。另外烘焙时间跟烤箱里饼干的多少、披萨的尺寸大小、蛋糕的面糊薄厚都有关系，最好的办法就是初期使用时别怕麻烦，多多观察，等熟悉了烤箱的秉性再加以练习，这些问题就迎刃而解了。

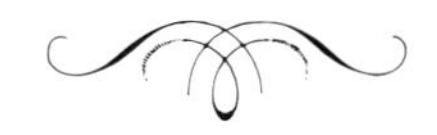

4.准备工作
PREPARATIONS

- 要充分了解你的烤箱。
- 学会使用各种计量工具。
- 学习制作蛋糕的常用工具和材料的使用方法。
- 购买一些最基础的工具和基本的蛋糕材料。
- 提前准备将要用到的工具和模具。
- 称量所有要用到的蛋糕材料。
- 做好准备工作：将烤盘准备好，垫纸裁剪好；提前从冰箱取出黄油进行软化，如果需要用到果干，就将果干提前浸泡；裱花嘴装入裱花袋等。
- 好了！接下来就可以马上开始操练了！

制作装饰蛋糕和饼干的Q&A

Q 制作装饰蛋糕和饼干对制作者的技术要求高吗?

A：对于家庭烘焙者来说，技术并不是个大问题，当然如果你想对饼干或者蛋糕进行装饰，至少要先学习蛋糕和饼干的制作。本书对开始装饰之前的基础制作步骤做了详细的文字和图片说明。后期的装饰多是依靠常见的装饰材料：比如各种坚果、水果、巧克力以及糖果来体现。如果要做奶油裱花类的蛋糕，可能需要更多耐心，试验几次才能达到平整美观的效果。不过，有时候不平整也别具一番滋味，充分体现了homemade风格，嘿嘿。

Q 装饰蛋糕和饼干是否需要购买复杂的模具和原材料啊?

A：特色饼干压模、翻糖工具组及特色水果需要额外购买，不过费用也是丰俭由己，各式彩色糖果、饼干也都能达到装饰的目的，但并非必需品。如果想让自己的作品与众不同，比起硬件齐全，更多的耐心、细心和创意才是做出惊艳作品的关键。

Q 刚开始学习烘焙，觉得操作很复杂，该怎么入手?

A：欢迎加入到烘焙爱好者的行列。每个人都有这样的经历，在了解一些简单的基础操作常识和材料工具的使用方法后，毫不犹豫地开始去操作才是真正认识烘焙的开始。在动手的过程中你能体会到蛋糕制作中的各种问题和手感状态，也会对各种材料的混合和烘烤有直观有效的了解。

Q 一定要用秤精确地称量材料吗?

A：面粉、鸡蛋、牛奶、黄油和糖，仅仅几样常见的烘焙材料却创造出了数以万计的烘焙品种，这全靠不同的材料配比和操作手法来实现，所以准确地称量是整个烘焙制作的最基础要素，材料配比不准确会影响各个材料在混合和烘烤时产生的结果，所以一定要使用食品秤、量杯或量勺等计量工具，认真进行操作前材料的称重。

Q 我的烤箱不能分开调整上火和下火的温度，怎么办？

A：这种制作要求一般是针对商用烤箱而言的，商用烤箱跟家庭烤箱结构略有不同，商用烤箱的烤盘或模具是直接放在烤箱底部的，所以通常都是下火低些，上火高些。如果上下火温度悬殊比较大，上火高就将烤盘放在烤箱的中偏上层，下火高就放在中偏下层即可。

Q 应该放在烤箱的哪层烘烤？

A：选择哪层进行烘烤要视不同的糕点而定。不同的糕点烘烤时间和温度都有所差别。基本的判断方法是，根据糕点的体积和厚度而定。大而厚的品种，如大蛋糕、吐司等放在烤箱的下层；小而薄的品种，如饼干、披萨饼等放在烤箱的上层；而那些中等大小和厚度的品种，如杯状蛋糕、餐包等可以放在烤箱的中层烘烤。

Q 感觉糖的分量太多了，可以根据自己的口味减少吗？

A：糖在烘焙中有很重要作用，它的加入绝不仅仅是为糕点增加甜度。除了能增加制品的甜味，它还对其香味、色泽、组织柔软度、涨润度、保湿性和保质期等有重要影响。所以不能过分地减少糖的分量，否则会对制品的口感和口味产生很大影响。

Q 书上出现了很多模具，我只有简单的几个，能通用么？

A：模具的种类繁多，对于普通家庭来说，置办几个最基本的模具就可以了。模具按材质分有金属的、纸质的、硅胶的；按形状分有圆的、方的、异型的；按结构分有活底的、固定底的；按功能分有烤蛋糕的、烤面包的、烤塔派的、做慕斯的等等。没有大模子可以分放在小蛋糕模中，没有金属模也可以盛在纸杯里。总之，模具只是让蛋糕的外形更漂亮，但不是成功制作糕点的必需品。

Q 为什么面粉都要过筛？

A：面粉有很强的吸湿性，即使新买来的面粉中也会有些小结块，结块与牛奶、水等湿性材料混合时就不容易搅拌均匀产生“面疙瘩”。过筛能避免这个问题。同时，过筛还能使未结块的面粉变得更蓬松，使做出的蛋糕口感更细腻。

Q 怎么判断蛋糕烤没烤熟？

A：通常，根据配方所示时间和烘烤温度即可作为烘烤完成的参考标准。不确定的情况下，可以用长竹签插入蛋糕中间再抽出来，如果不沾有湿黏的蛋糕屑，就说明烤好了。还可以用手轻轻拍两下蛋糕顶部，如果有沙沙的声音，或是手部明显感觉蛋糕内部很软、未凝固，说明还没完全熟透，需要继续烘烤片刻。

Q 为什么烤好的蛋糕会回缩？

A：烤箱温度过高、蛋糕中心没有烤透，是回缩的一个重要原因。如果是分蛋做法，蛋白打发不到位或是混合时消泡也会导致回缩。此外，烘烤过程中多次打开烤箱门也会有影响。

Q 为什么烤的蛋糕一边颜色深而另一边颜色浅？

A：烤箱内部温度不均匀是主要原因，可以通过中途调换烤盘的方向来解决。如果是多个小蛋糕，应该尽量保证每个小蛋糕的分量体积相同，这样可以避免成品成熟度不一。饼干颜色深浅不同可能是薄厚不匀造成的，越薄的饼干越容易上色。

Q 不沾油纸、不沾布和锡纸的区别？

A：不沾油纸是一种一次性的防沾、防高温食品纸，把它垫在烤盘上，可以起到不沾和便于清理烤盘的作用。不沾布的作用跟不沾油纸是一样的，不同之处是不沾布可以反复使用，优质的不沾布的防沾效果要优于不沾油纸。锡纸可以起到衬垫作用，但是没有不沾效果；另外锡纸本身也能够起到阻挡火力的作用，一般用来包裹肉制品进行烘烤，起到隔热的作用。

Q 制作蛋糕的工具和材料到哪买？

A：目前国内购买烘焙用品已经越来越方便，大型超市、西餐厨具店和食品调料批发市场都能买到，不过更全更方便的莫过于网络购物，大量烘焙用品网店一定能满足大家的烘焙需求。

5.打发基础
CHURNING FOUNDATION

(1)黄油的打发

黄油在冷藏状态下是比较坚硬的固体，而在室温（25℃左右）时会变得质地较软，即用手指按压可出现印记。黄油在软化状态时可通过搅打使其裹入空气，体积变得膨大，称为打发。黄油的打发是做好重油类蛋糕、玛芬和曲奇饼干的基础，如果只是将黄油和细砂糖简单地搅拌均匀，烤出蛋糕的蓬松度和口感都较差。需要注意的是，黄油在加热熔化后是不能打发的。

●材料 INGREDIENTS

黄油——适量
细砂糖——20克

●做法 STEPS

1. 切成小块，使黄油比较快速地软化。在放软的黄油中加入细砂糖或糖粉。

Cooking tips

●一般来说，用电动打蛋器搅打4～8分钟即可，黄油越多搅打的时间越长。如果冬季室温较低，最好隔温水搅打。

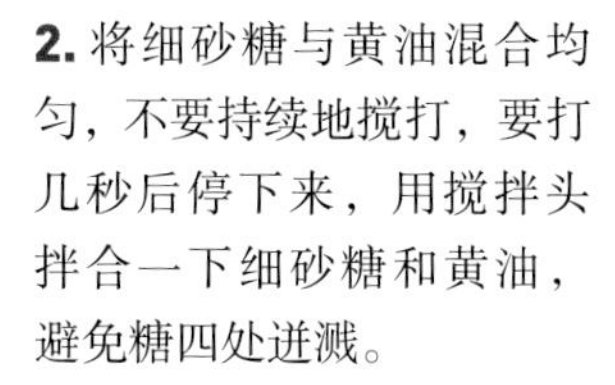

2. 将细砂糖与黄油混合均匀，不要持续地搅打，要打几秒后停下来，用搅拌头拌合一下细砂糖和黄油，避免糖四处迸溅。

3. 待黄油表面没有糖覆盖了，再次开始搅打，从低速慢慢调至高速。直到细砂糖溶化，黄油颜色变浅，略微膨胀，搅拌头经过的纹路呈羽毛状浓膏即可。

(2)蛋白的打发

新鲜的蛋白或冰箱中冷藏后的蛋白更容易打发。蛋白是碱性的，可以加入少量塔塔粉、柠檬汁或白醋等酸性材料用以中和其性质。糖可以增加蛋白的黏性和用以支撑结构，增加其稳定性，一般一个蛋白配10～20克细砂糖最为合适。打发好的蛋白要立即使用，而且在与其他材料混合时也应该快速轻拌，否则蛋白很容易消泡塌陷。短时间内不用的打发好的蛋白放入冰箱中冷藏能更好地保持其状态。

●材料 INGREDIENTS

蛋白——4个
细砂糖——20克
柠檬汁——3毫升

●做法 STEPS

1. 首先将蛋白放入容器中。（打发蛋白时要注意容器内不能沾有一点水和油，因为蛋黄含有脂肪，所以分开的蛋白中也不能含有一点蛋黄）

Cooking tips

●在制作蛋糕过程中，打好的蛋白与面糊混合时要用橡皮刮刀将面糊上下翻拌（而不能转圈搅拌），并且速度要快。这样做可预防打好的蛋白消泡塌陷，混合好后倒入模具以及放入烤箱的操作也一定要迅速。

2. 加入柠檬汁，用电动打蛋器先搅打30秒左右，搅至表面出现大气泡，然后加入1/3的细砂糖继续搅打，待1分钟后表面浮起更多更白更细小的泡沫时，再加1/3的细砂糖，最后的1/3细砂糖在约2分钟后蛋白打到湿性发泡状态时放入。

3. 湿性发泡状态：蛋白一直搅打，细小的泡沫越来越多，同时体积不断增大，直到所有泡沫雪白均匀如同鲜奶油般细腻。此时，用打蛋器头勾起蛋白，会感觉泡沫有弹性并且上部直挺，但尾端会稍带弯曲，这个阶段称为湿性发泡状态，也可以称为七分发状态。这种状态适合制作蛋糕卷或高水分的戚风类蛋糕。

4. 干性发泡（硬性发泡）状态：湿性发泡的蛋白继续搅打1～2分钟，能感觉到蛋白更加浓稠，打蛋器搅拌时的阻力增大，此时如果用打蛋器头勾起蛋白，整个勾起部分的蛋白保持弹性和直挺的状态，即搅拌完成。此阶段称干性发泡状态或十分发状态，制作很多品种蛋糕的蛋白都要求打至此阶段。

(3)蛋黄的搅打

蛋黄部分的充分搅打可以使蛋黄的乳化性充分释放，使做出的蛋糕口感更加细腻。

●材料 INGREDIENTS

蛋黄——4个
细砂糖——10克

●做法 STEPS

1. 蛋黄和细砂糖混合，用打蛋器搅打，逐渐由慢速调至快速，搅打2分钟左右。

2. 打至蛋黄颜色变浅、糖基本溶化，且蛋黄液变得浓稠有光泽就可以了。

(4)全蛋的打发

全蛋的打发，多用于制作全蛋蛋糕，即不需分开蛋白和蛋黄，将整个鸡蛋进行打发。

●材料 INGREDIENTS

鸡蛋——3个
细砂糖——70克

●做法 STEPS

1. 将鸡蛋蛋液和细砂糖混合，用电动打蛋器搅打。

2. 鸡蛋的温度在35℃左右较易打发，在搅打时可以隔一盆温水，水的温度在80℃左右即可。需注意蛋盆要隔开热水，不要直接放在热水盆中。

3. 打至鸡蛋液体积膨胀至原大3倍左右、蛋糊浓稠，且蛋糊液面保持在容器边缘的一个位置不再继续攀升。提起打蛋器，打蛋头部分提起的糊有尖状直钩即可。

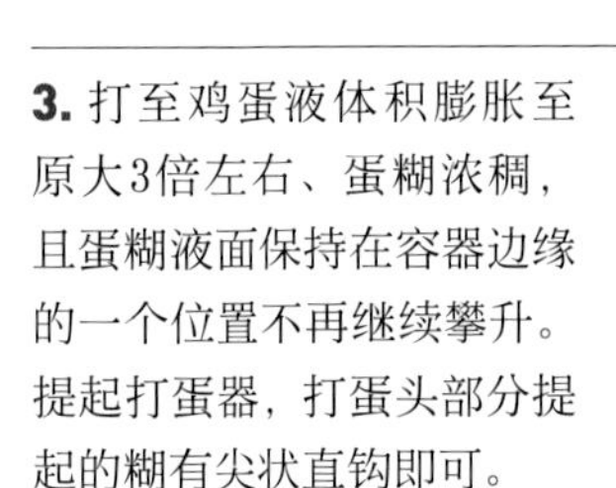

Cooking tips

●全蛋打发后的体积不如只搅打蛋白增加得多，并且打发后也更容易消泡，所以接下来混合其他材料的过程要快速而且轻柔。

(5)动物性鲜奶油打发

动物性鲜奶油是从牛奶中提炼出的乳脂肪，奶香浓郁、顺滑浓稠。根据脂肪含量的多少，又分为浓奶油和淡奶油，脂肪含量相对少的称为淡奶油，含量高的称为浓奶油。动物性鲜奶油比植物性鲜奶油更有营养，但其保质期短，平时存放于冰箱冷藏保存，打开后要尽快使用完，否则容易变质。动物性鲜奶油打发后更适合装饰相对简约的蛋糕。

●材料 INGREDIENTS

动物性浓奶油——100克
细砂糖——10克

●做法 STEPS

1. 从冰箱冷藏室取出动物性奶油，倒入容器中，加入细砂糖，用电动打蛋器搅打。

2. 从慢速开始，约搅打3分钟后体积膨胀且越来越浓稠。此时的状态还较粗糙，偏稀软。

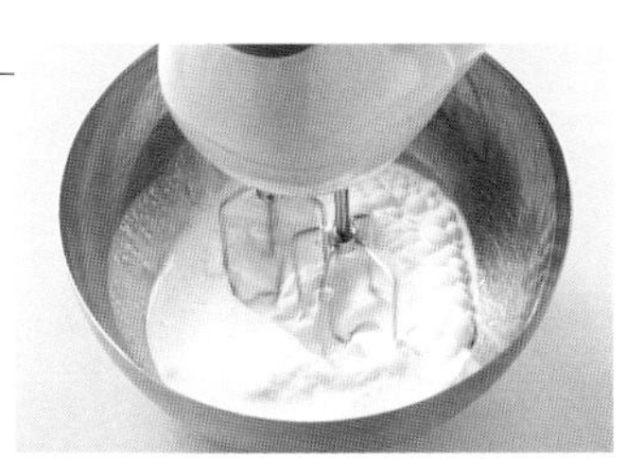

3. 打3~4分钟后，鲜奶油体积进一步膨胀，质地更浓稠，再搅打至硬挺即可。

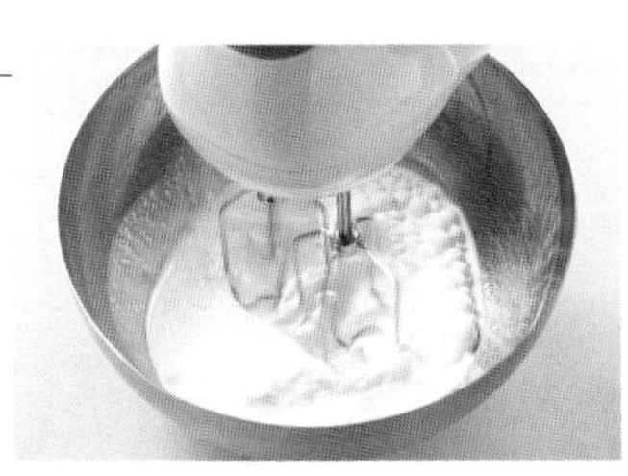

Cooking tips

●动物性鲜奶油多是没有进行调味的，所以要在搅打时加入适量糖。糖的用量可根据口味略作调整，一般加入量为奶油的10%~20%。

●脂肪含量高的浓奶油更容易搅打。淡奶油在冬季室温环境比较低时能打发，夏季环境温度高时需要垫冰块促使打发。

(6)植物性鲜奶油的打发

植物性鲜奶油又称人造鲜奶油，主要成分为棕榈油、玉米糖浆及其他氢化物。植物性鲜奶油通常为冷冻保存，呈冰激凌状，保质期12个月左右。使用前提前12小时移至冰箱冷藏室解冻，打发前从冷藏室中取出即可搅打。植物鲜奶油通常是甜的，不需要再加糖。平时买到的多为1000毫升规格装，如果反复解冻，将影响打发的效果。所以买回后可将外面的纸盒撕开，将植物鲜奶油切成几块，装入密封保鲜袋或保鲜盒中保存，每次使用时取出一部分解冻即可。植物性鲜奶油打发后的状态细腻洁白，性质稳定，适合复杂的蛋糕装饰。

●材料 INGREDIENTS

植物鲜奶油——400克

●做法 STEPS

1. 从冷藏室取出植物鲜奶油，倒入容器中，用电动打蛋器搅打。

2. 从慢速开始，大约搅打2分钟后体积会膨胀很多且越来越浓稠，但这时的状态还比较粗糙。

3. 打4～5分钟后鲜奶油颜色变白，质地变得细腻，体积进一步膨胀，表面有打蛋头搅打纹路。提起打蛋头，带出的奶油比较柔软。

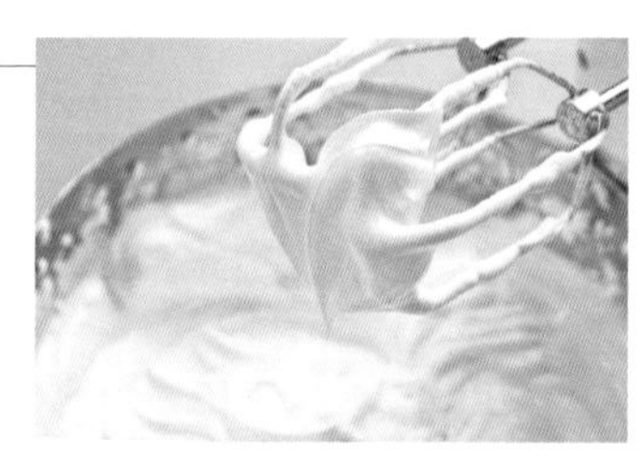

4. 再继续搅打1～2分钟，至鲜奶油表面纹路清晰、状态更挺实即可。

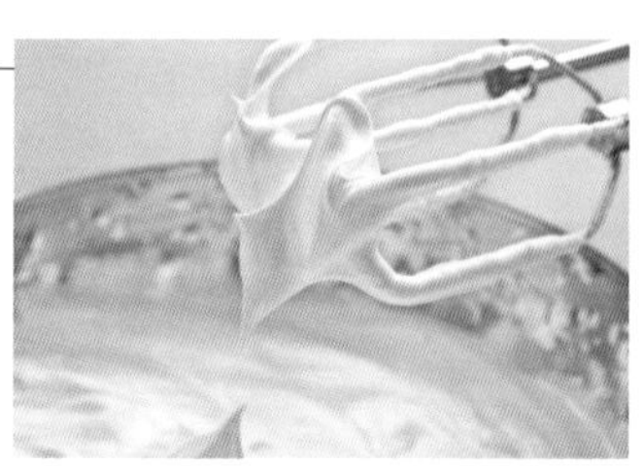

Cooking tips

●此分量的鲜奶油打发后可以装饰一个8寸的戚风蛋糕，请根据蛋糕的大小调整用量。

●鲜奶油的打发与环境温度有很大关系，通常在15～25℃间操作最佳，所以在夏季高温时需隔冰水打发。

●鲜奶油非常容易搅打过头，过头的状态是搅拌时感觉奶油很硬，并且表面变得粗糙。如果打发好后长时间不用，就会出现此种情况，这时加入些新鲜的奶油，重新搅拌一下即可。

6.巧克力装饰
CHOCOLATE DECORATION

装饰蛋糕和饼干，巧克力可是最常使用的原材料，装饰手法比较简单，而且效果非常好，下面介绍一些能在家里制作的方法。

如果有制作巧克力的相关模具最好，没有也无大碍，用普通的工具也能做出常用的装饰，不沾油纸、裱花袋、抹平刀是常用工具。制作时需要注意几点：

1. 盛放巧克力的容器须无油无水。

2. 融化巧克力前先将巧克力切碎。

3. 加热不要直接用明火或是微波炉，温度快速升高很容易造成巧克力煳底，所以要隔着热水边加热边搅拌，热水也不要温度太高，以不超过70℃为宜。

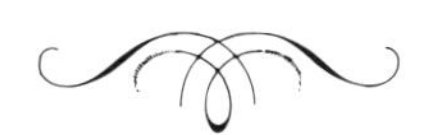

普通的一次性裱花袋比较大，所以用油纸自制巧克力裱花袋更实用，既小巧节俭又较易控制。最重要的是，如果油纸内的巧克力没有用完可直接放入冰箱，凝固后直接将油纸拆掉就能将剩余巧克力全部取出了，方便又不浪费。

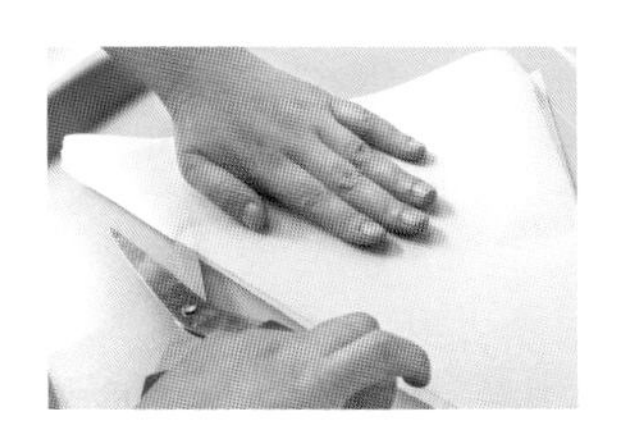

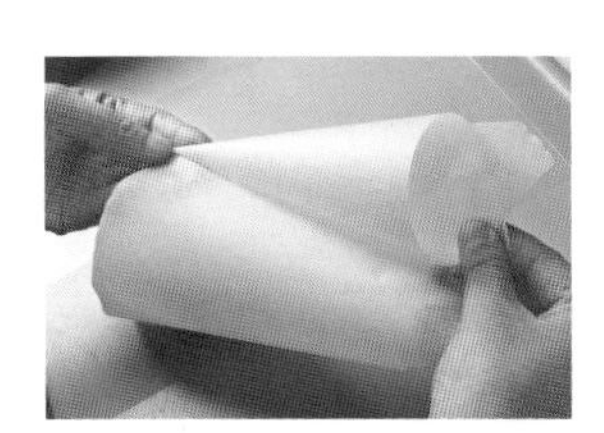
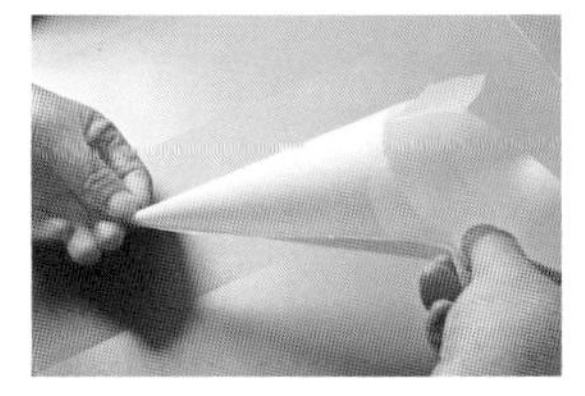
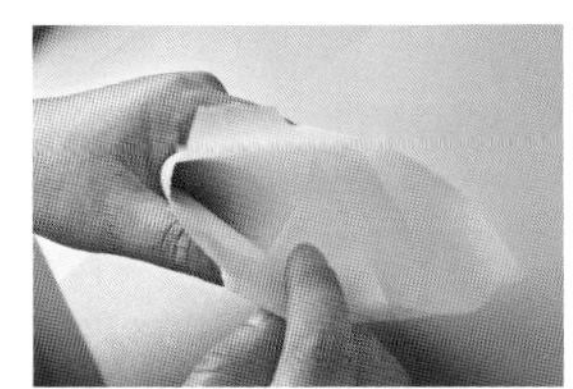

巧克力卷

1. 巧克力切碎，放入容器中，隔水加热，搅拌至巧克力融化。

2. 将融化的白巧克力倒在操作台上，用抹刀抹平整，约2毫米厚，然后用齿形刮板在白巧克力上从一端刮到另外一端，稍稍晾1分钟。将融化的黑巧克力倒在白巧克力上面，用抹刀轻轻刮抹平整，约4毫米厚，晾至巧克力即将凝固。

3. 用巧克力铲（或普通的刀也可以）从一端倾斜60° 左右慢慢向前下方铲起，铲起的巧克力可以自动卷成卷。

4. 能否卷成卷，跟巧克力的厚度，刀的角度、力量的均匀程度以及巧克力凝固的软硬度有关，多尝试几次就会有收获的。

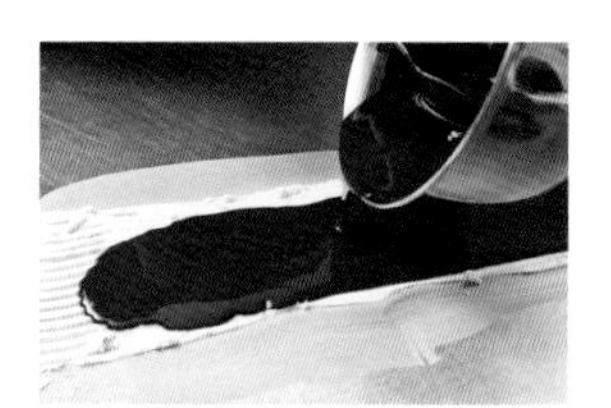

巧克力生日牌

1. 巧克力切碎，放入容器中，隔水加热，搅拌至巧克力融化。

2. 用小号的裱花袋或者自制的油纸裱花袋，不用裱花嘴，将融化的巧克力倒入裱花袋中，剪开2毫米宽的口。

3. 将巧克力挤在巧克力模具中，放入冰箱凝固后即可脱模，脱模时轻轻地倒扣磕几下模具，巧克力牌即能完整地脱出。

4. 如果挤两色的，可以将白色的巧克力挤入字母或字体即可。

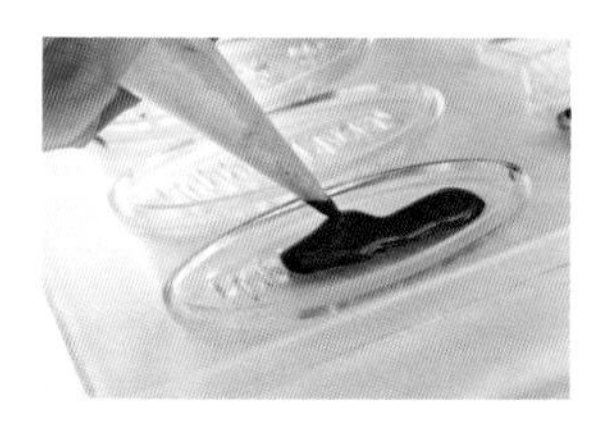

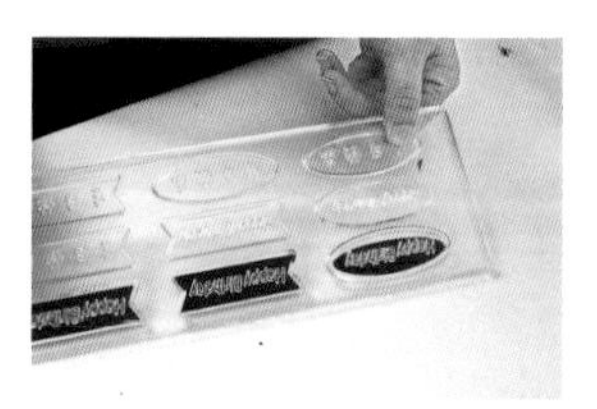

巧克力树叶

1. 巧克力切碎，放入容器中，隔水加热，搅拌至巧克力融化。

2. 将融化的巧克力倒入小号的裱花袋或者自制的油纸裱花袋中，剪开2毫米宽的口。

3. 将巧克力慢慢挤在叶子的背面，叶子有纹路做出的巧克力叶片才逼真好看。挤得时候慢一点，注意薄厚均匀，不要挤到叶子边缘的外面，否则叶子就容易嵌在巧克力中剥不下来了。

4. 用真的叶子当作模具，要挑比较老、厚实且大小合适的叶片，再观察下背面的叶脉，有清晰的花纹最好。叶子一定要清洗干净后擦干，并且晾到水分完全挥发后才能使用。

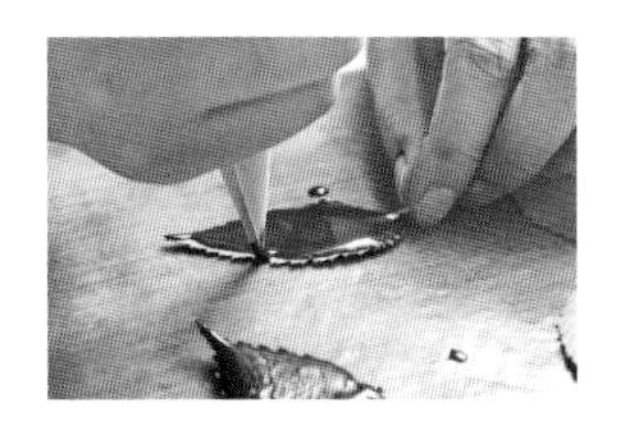

巧克力水滴

1. 巧克力切碎，放入容器中，隔水加热，搅拌至巧克力融化。

2. 将融化的巧克力倒入小号的裱花袋或者自制的油纸裱花袋中，剪开2毫米宽的口。

3. 在不沾油纸上挤出直径为1.5～2厘米的圆点，每个圆点间隙4厘米左右，然后用食指在圆点中心快速向下划开即可。也可以用勺子的背面代替食指。

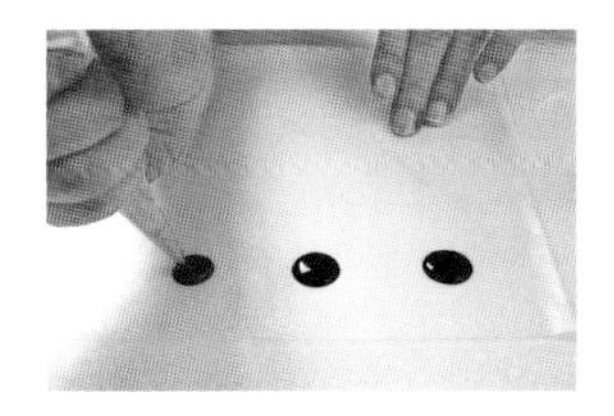

巧克力网纹

1. 巧克力切碎，放入容器中，隔水加热，搅拌至巧克力融化。

2. 将融化的巧克力倒入小号的裱花袋或者自制的油纸裱花袋中，剪开2毫米宽的口。

3. 在玻璃纸上挤出细细的线条，可以是规则的线条，也可以是不规则的线条。如果要做网纹，每根线条之间是连续的即可。

4. 挤好形状后将玻璃纸放在弧形的物体上（如擀面杖或者放倒的玻璃杯都可以），晾至凝固即可剥下玻璃纸。

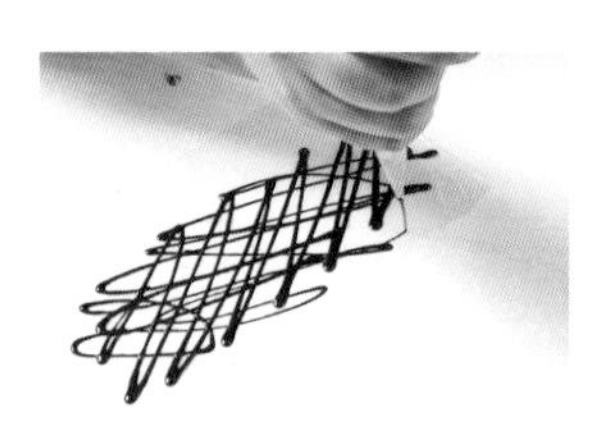

巧克力心形片

1. 巧克力切碎，放入容器中。隔水加热，搅拌至巧克力融化。

2. 将融化的巧克力倒入小号的裱花袋或者自制的油纸裱花袋中，剪开2毫米宽的口。

3. 在心形巧克力模片下垫不沾油纸，然后将巧克力挤在模片形状中，放入冰箱冷藏至凝固即可。

巧克力心符号

1. 巧克力切碎，放入容器中。隔水加热，搅拌至巧克力融化。

2. 在不沾油纸上用铅笔画好要画的符号或者图案，然后将油纸翻面。

3. 将融化的巧克力倒入小号的裱花袋或者自制的油纸裱花袋中，剪开2毫米宽的口。

4. 在油纸上按照事前画好的图案用巧克力勾画，凝固即可取下。

巧克力碎

1. 巧克力切碎，放入容器中。隔水加热，搅拌至巧克力融化。

2. 将融化的巧克力倒在操作台上，用抹刀抹平并保持2毫米厚度，晾至凝固。

3. 用锋利的饼干模、勺子、挖球器、巧克力刀等工具将巧克力快速地刮下即可。

巧克力酱

将巧克力切碎。把鲜奶油煮开，关火，放入巧克力碎，搅拌至巧克力化开即可。

7.装饰蛋白糖霜
DECORATIVE ROYAL ICING

蛋白糖霜，英文为Royal Icing，也称为美式糖霜（跟它相对应的还有意式蛋白糖霜），以蛋白和糖粉为主要材料制成。状态由稀到稠可自行调整，可调成各种颜色，用在蛋糕和饼干的装饰中。质地细腻、颜色鲜艳，稀软的状态光亮又平滑，硬挺的状态比鲜奶油更持久易于造型，所以用蛋白糖霜装饰蛋糕饼干效果极好。它的缺点是味道甜腻（成分主要是糖粉）、口感过于单一和高热量，所以观赏价值远远高于食用价值。

蛋白糖霜是可以直接食用的，很多人担心生的蛋白会不卫生，其实用品质好的新鲜的鸡蛋，在使用前清洗和擦干净外壳再打开使用，是没有问题的。如果还是不放心，可以选用蛋白粉（是做糖霜专用的）来替代生鸡蛋。蛋白粉经过高温处理，既能解除卫生方面的顾虑，又方便使用，一大勺蛋白粉加上两大勺温水，搅拌均匀后相当于1个生蛋白的分量，重约30克。

另外，装饰中会经常使用到色素。正规厂家生产的食用色素在使用分量范围内，都是安全的。色素有水状、膏状和粉状不同状态。制作蛋白糖霜时使用任意一种都可以，翻糖装饰多使用膏状色素。

●材料 INGREDIENTS

蛋白——30克（约为1个鸡蛋的蛋白量）
柠檬汁——3毫升
糖粉——220克

●做法 STEPS

1. 在蛋白中加入少量柠檬汁，用打蛋器简单搅打几下，然后筛入1/3的糖粉，继续搅打至蛋白和糖粉混合均匀。

2. 筛入剩余糖粉的1/3，再继续搅打均匀，提起打蛋器头，观察滴落的糖霜稀稠状态。如果是用来涂抹平面的糖霜可以稀一些，即滴落的糖霜在10秒钟内能够在糖霜表面摊平整。如果滴落后摊平整的速度很快，说明比较稀，可以再加入少量的糖粉；相反，如果滴落后不再摊平整，说明过于浓稠了，可以再加入少许蛋白继续搅打均匀。

3. 如果是用来挤线条（比如画花边、写字等），糖粉要再多放些，即滴落后不容易变得平整为宜。

4. 如果是用来裱花或是塑形的，就需再筛入糖粉后搅打，最后的糖霜很黏稠，制作的花纹比较持久、不易消失。

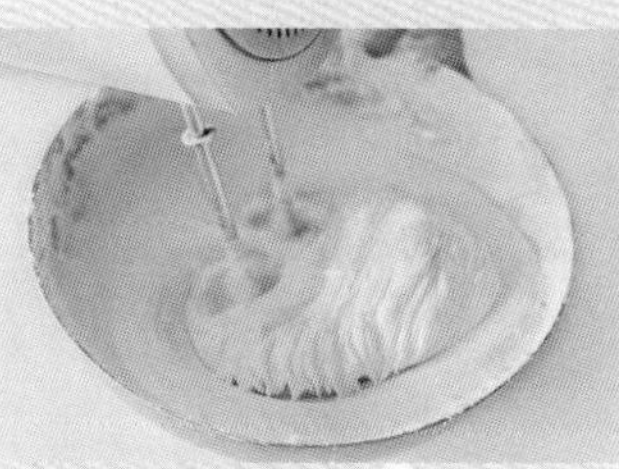

5. 彩色糖霜的制法：在打好的糖霜中滴入一滴色素（或是用牙签沾取），搅拌均匀即可。

6. 裱花袋的制法：裱花袋的卷制方法非常简单，如图所示制作即可。用小勺将搅打好的糖霜糊盛入用不沾油纸卷好的纸筒内。将尾部封好，尖头部剪一个1～2毫米宽的口即可。

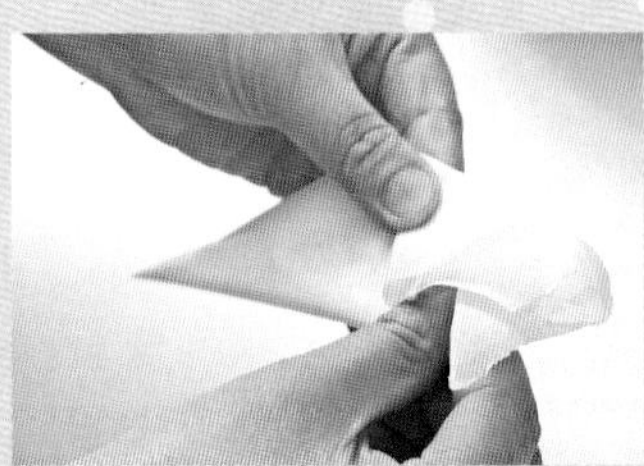

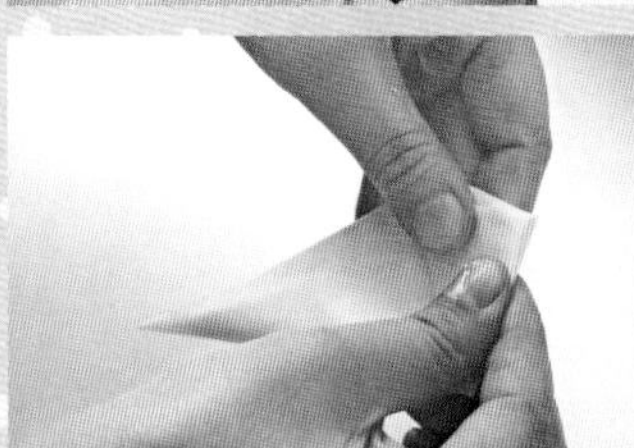

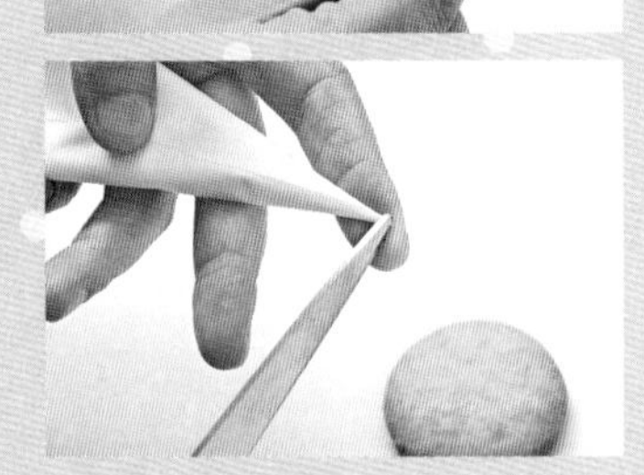

Cooking tips

●打好的蛋白糖霜一次用不完的，也可以密封后放入冰箱冷藏存放3～4天，等使用时再取出稍微搅打一下。如果觉得状态较干，可以添加一部分新的原料再混合搅打一下，这样质地会更好。

8.翻糖装饰
FONDANT DECORATION

翻糖是英文Fondant的译音，也称风登糖。是一种工艺性很强的甜点装饰糖，可以用来装饰蛋糕和饼干等，更注重观赏性和艺术性。它以糖为主要材料，覆盖在蛋糕或饼干上，再以各种糖塑的花朵、动物等作装饰，做出来的蛋糕和饼干如同艺术品一般精致华丽。翻糖的保质期很长，做出的装饰立体逼真，在造型上发挥空间比较大，是制作节日、婚礼和庆典装饰蛋糕、饼干的最佳选择。

做翻糖蛋糕和饼干很费时间，但是在制作过程中，体会创作乐趣的同时，也会觉得好像回到了童年。因为翻糖的质地跟橡皮泥类似，所以制作过程就像做手工一样有趣又独一无二。

翻糖糖皮

●材料 INGREDIENTS

糖粉——500克（选用无玉米淀粉的一级糖粉）
鱼胶粉——5克（或吉利丁片5克）
冰水——30毫升
柠檬汁——2毫升
糖浆（玉米糖浆或葡萄糖浆）—80克
实用甘油——10克
朗姆酒——3毫升
白油——10克
食用色素——适量

●做法 STEPS

1. 糖粉过筛，分成两份。

2. 鱼胶粉用冰水浸泡5分钟。将柠檬汁、糖浆、甘油放在容器里，隔水加热稀释，然后加入泡好的鱼胶粉，搅拌均匀至鱼胶粉融化，取出放凉。

3. 加入朗姆酒拌匀，然后倒入其中一份糖粉中，揉搅成团。

4. 用另外一份糖粉当作干粉，在操作台上撒一层，将糖粉面团取出，像揉面一样揉，边揉边加入糖粉，双手可以涂抹几次白油防沾，面团会逐渐由稀软变得比较结实。

如果揉的过程中黏手，最好将双手洗净擦干，涂抹白油再继续，否则手上沾有的糖粉颗粒越揉越黏手。操作温度和湿度不同，糖粉使用量也不同，不一定要将剩余糖粉都加入面团当中。

5. 将糖皮面团揉到表面光滑、颜色洁白有光泽、质地细腻、硬度适中就可以了。

6. 适量地分割出一块，根据需要加入色素（膏状的色素最好使用牙签沾取），双手将面团不断地抻拉，让色素均匀地混入面团当中，等颜色基本混合均匀再继续揉几下至面团光滑细腻。

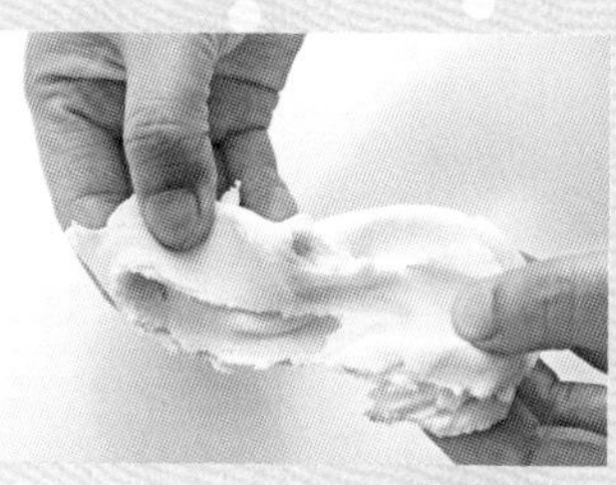

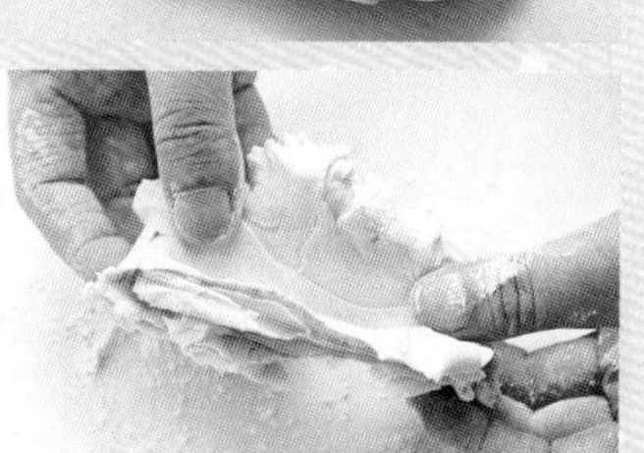

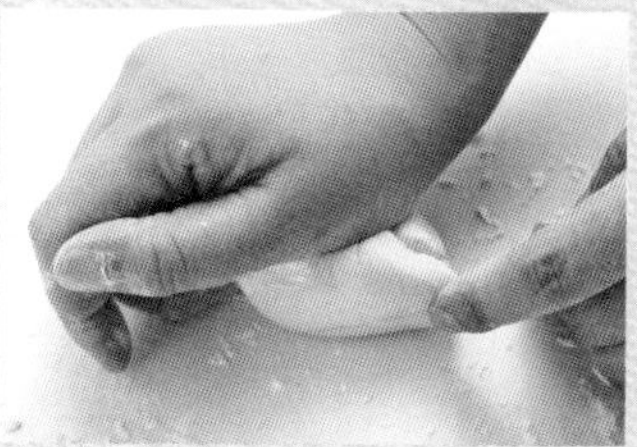

7. 调好色的糖皮面团要马上使用，多余的糖皮要密封存放，随用随取。自制糖皮因未添加保湿剂等物质，所以保质期较短。一般来说，几天之内质地不会有太大变化，只需使用时将糖皮再揉一会儿让其恢复柔软即可。

做翻糖类的饼干和蛋糕时，需要用到不同形状的饼干模具。如果不想额外购买得特别多的模具，也可以尝试自制。先在硬卡片上画出想要的形状，再用裁纸刀将其裁剪下来，用小刀沿着形状在饼干或翻糖皮上裁切即可。虽然比较麻烦，但是这可是你自己独有的模具啊。另外，刷子、小擀面杖、镊子、牙签等工具也比较常用。

除了色素，还可以将很多卡通装饰糖果、糖粒用在翻糖装饰中，起到装饰的立体感和差异感，使装饰更丰富更活泼。

Cooking tips

●糖皮能存放1个月，但是放久了质地会变得粗糙。再次使用时可以用微波炉或者蒸锅将糖皮稍微加热一会儿再揉，或根据面团软硬添加适当的糖粉做成新糖皮面团。

Cartoon Cookies

Part 1

超萌超酷创意卡通饼干

天上的小星星，地上的小汽车，海底的小鱼儿。

只要你有足够的想象力，饼干就会有神奇的魔法，幻化成世间任何物体的形状，快点动手打造属于你的饼干王国吧！

CARTOON COOKIES

巧克力派

●材料 INGREDIENTS

巧克力圆饼面糊 >

植物油——25毫升
糖——85克
鸡蛋——1个
盐——1克
巧克力——35克
黄油——25克
可可粉——20克
低筋面粉——125克
泡打粉——2克
小苏打——1克
鲜奶油——120克

夹馅 >

奶油奶酪——140克
糖粉——30克
黄油——45克
香草香精——3滴

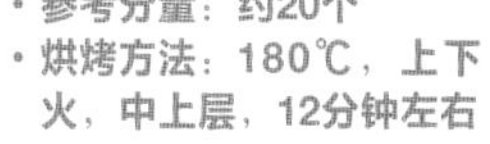

●做法 STEPS

1. 烤箱预热180℃，烤盘垫不沾布或不沾油纸，备用。将植物油、糖、盐和鸡蛋混合，搅打均匀。

2. 巧克力隔水融化，加入切小块的黄油，搅拌至黄油融化，加入到鸡蛋中，拌匀。

3. 将可可粉、泡打粉、低筋面粉和小苏打一起混合过筛，加入到鸡蛋中，再加入鲜奶油，一起混合搅拌均匀成面糊。

4. 将面糊装入裱花袋，然后将面糊挤在布上。（注意大小均匀，每个之间要有3厘米左右的空隙）

5. 将烤盘放入烤箱的中上层，烘烤约12分钟。

6. 将奶油奶酪和糖粉混合，隔水加热并用搅拌器搅拌成柔软的膏状，加入软化的黄油，继续搅打均匀，再加入几滴香草香精，拌匀成派的馅备用。

7. 烤好的巧克力圆饼放凉后，将馅挤在圆饼平整的一面，然后用另外一片黏住即可。

CARTOON COOKIES

彩色马卡龙

CAKE
BISCUIT

●材料 INGREDIENTS

杏仁粉——70克
糖粉——150克
蛋白——85克（大约3个）
糖——95克
水——35毫升
食用色素——适量

- 参考分量：两烤盘大约40个
- 烘烤方法：160℃，上下火，中层，大约12分钟

●做法 STEPS

1. 杏仁粉用食品加工机搅打得更细碎一些，与糖粉混合均匀，过筛备用。

2. 烤盘垫不沾布或不沾油纸，备用。

3. 蛋白用打蛋器打至八分发，提起打蛋器挂住的蛋白能拉出一个直立的尖角即可。

4. 将糖和水煮开，煮到糖汁浓稠、微微变黄，即可关火。

如果有温度计更好，在糖温度达到106℃时关火，温度继续上升至118℃时使用。

5. 将熬好的糖慢慢浇入打好的蛋白中，继续用搅拌器搅拌，一边倒入糖汁一边搅打，直至完全倒入，再搅打至容器温度降到40℃左右（用手摸容器边缘，温度比手温略高即可）。

6. 将过筛后的杏仁粉、糖粉的混合物分3次加入蛋白中，搅拌均匀，加入适量色素，再搅拌均匀即可。

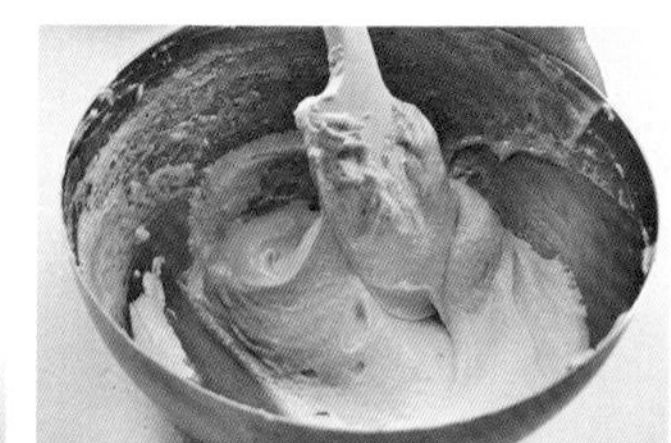

7. 将蛋白糊装入挤袋中，挤在铺有油布的烤盘中，每个直径约2.5厘米，每个之间留约3厘米空隙，在室温下晾10～20分钟。

8. 烤箱预热160℃。用手指轻轻地碰一下蛋白糊表面，不黏手即可开始烘烤。放在烤箱中层，设定160℃，上下火，烤约12分钟。

9. 用同样的方法做其他颜色的马卡龙。

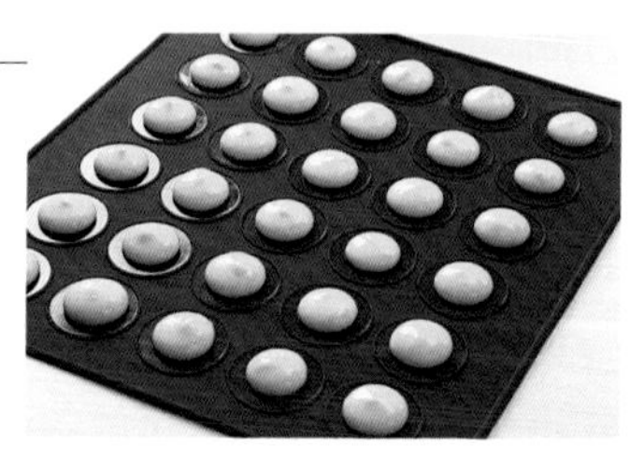

雪茄卷

CARTOON COOKIES

CAKE BISCUIT

雪茄卷

●材料 INGREDIENTS

黄油——70克
糖粉——70克
蛋白——70克
低筋面粉——70克
香草香精——1毫升
巧克力——100克

- 参考分量：15个
- 烘烤方法：200℃，上下火，中层，10分钟左右

●做法 STEPS

1. 烤箱预热200℃，烤盘垫不沾布或不沾油纸，备用。

2. 将黄油切小块，在室温下放软，搅打顺滑后筛入糖粉，搅打均匀，分5次左右慢慢加入蛋白，每次都打至蛋白被黄油完全吸收。

3. 最后筛入低筋面粉拌匀，加香草香精提味。

4. 将面糊用勺子舀在烤盘（铺不沾布）上，空隙要留大点，再将面糊抹成薄薄的一片。

5. 放入烤箱中层，设定200℃，上下火烤2分钟，只要能不沾油布了就马上取出，用筷子做支撑，尽量快地将每片软饼干片卷成卷，放在一旁，备用。

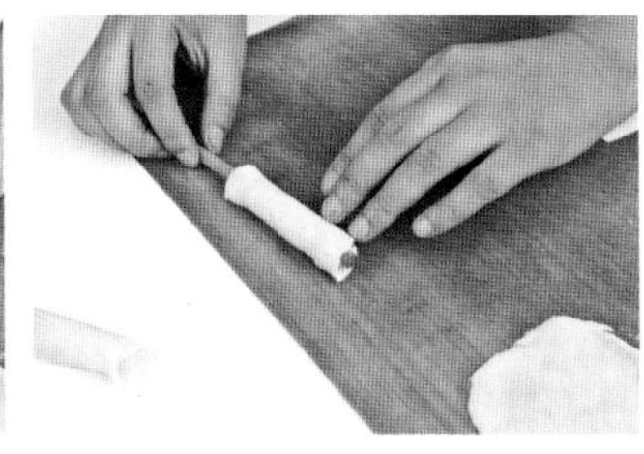

6. 将所有的面糊都卷好，一起再放入烤盘，烤箱中层，设定190℃，上下火，烤约10分钟，至表面颜色金黄即可。

7. 将巧克力融化，待饼干放凉后将饼干卷的两头蘸上巧克力，然后放置在不沾油纸上，至巧克力凝固即可。

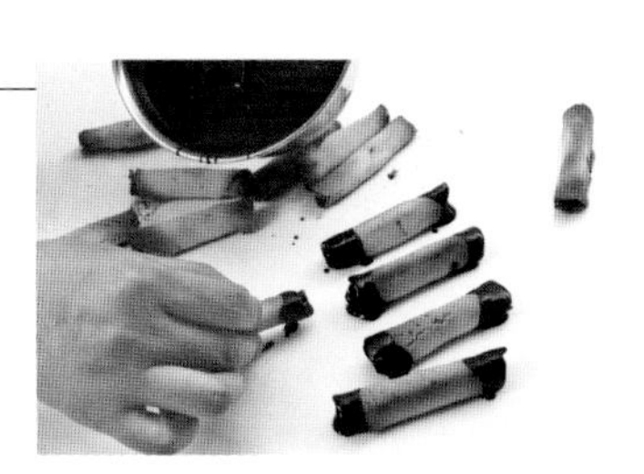

Cooking tips

●蛋白含有很多水分，在加入黄油中搅打时很容易出现油水分离的现象，所以一定要少量多次地往黄油中加入蛋白。如果出现油水分离的情况，可筛入一点点低筋面粉将水分吸收，再继续操作即可。

●建议每盘烤的数量不超过 4 个，因为饼干软的时候需要趁热很快地卷成卷，一旦动作慢了，饼干变凉就会变硬，从而导致卷制失败。

CARTOON COOKIES

蓝莓酥饼

●材料 INGREDIENTS

A. 蓝莓面糊 >

黄油——80克
糖——35克
糖粉——35克
蛋液——15毫升
低筋面粉——110克
盐——1克
泡打粉——1克
蓝莓——60克

B. 黄糖酥 >

黄糖——40克
黄油——40克
低筋面粉——35克
杏仁粉——35克

C. 蛋糕装饰 >

融化巧克力——50克

- 参考分量：20块
- 烘烤方法：180℃，上下火，中上层，18分钟左右

Cooking tips

●新鲜的蓝莓有一定水分，与饼干面团混合后会使饼干较松软。也可以用蓝莓干替代，口感会更酥脆些。

●做法 STEPS

1. 将A料中的黄油切成小块，提前放在室温下软化，加入糖粉和糖搅打至黄油颜色发白浓稠。将鸡蛋打散，分3次加入打好的黄油中，搅拌均匀。

2. 将低筋面粉和泡打粉混合筛入黄油中，加盐搅匀，然后加入蓝莓混合拌匀。

3. 烤箱预热190℃。

4. 将面团倒在不沾油纸上，折叠剩余的油纸。面团隔着油纸擀成厚1厘米的片状，放入烤盘，备用。

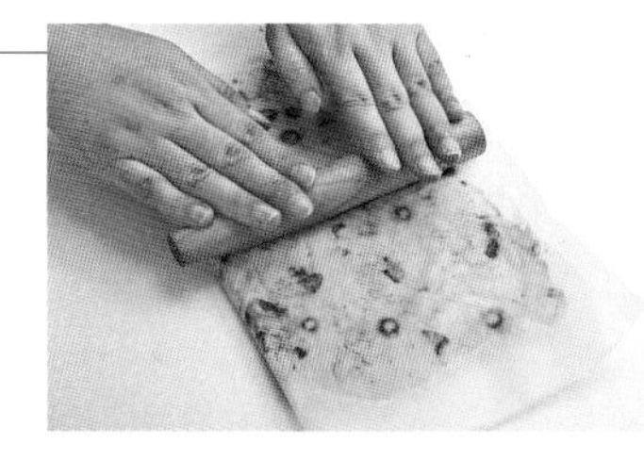

5. 将B料中的黄糖、低筋面粉和杏仁粉混合，加入切小块的黄油（不需要软化），用手搓成粗糙的黄油粉粒，撒在蓝莓饼上。

6. 烤盘放入烤箱中上层，设定190℃，上下火，烘烤约18分钟至表面金黄。

7. 饼干冷却后用融化的巧克力在饼干表面挤线条作装饰，最后切成小块即可。

CARTOON COOKIES

猫头鹰饼干

●材料 INGREDIENTS

饼干糊 >

黄油——100克

糖粉——65克

鸡蛋液——40毫升

柠檬汁——2滴

低筋面粉——170克

盐——适量（不超过1克）

蛋糕装饰 >

大杏仁——30克

彩色巧克力豆（或咖啡豆、其他糖果）——30克

• 参考分量：30块
• 烘烤方法：180℃，上下火，中上层，15～18分钟左右

1-1

1-2

1-3

2-1

2-2

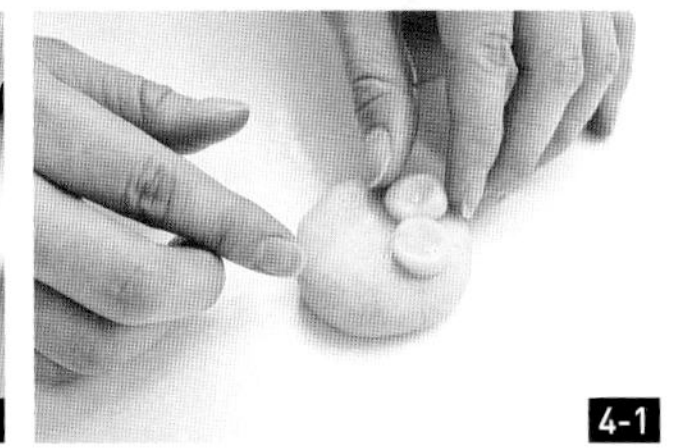

4-1

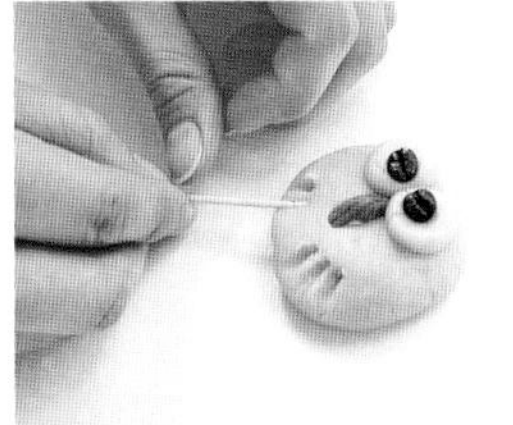

4-2

4-3

●做法 STEPS

1. 黄油切小块，在室温下放软，与糖粉混合，搅打均匀。加入鸡蛋搅拌均匀，再加入柠檬汁拌匀。

2. 将低筋面粉过筛后加入黄油中，再加入盐，翻拌均匀成面团。

3. 烤箱预热180℃，烤盘垫不沾布或不沾油纸，备用。

4. 将面团分成20～25克的小面团，略微压扁，捏两小块花生豆大小的面团，压扁后黏在面团上部作为眼睛，在眼睛面团上黏上巧克力豆（或其他小糖果）作为眼珠。切杏仁一角作为嘴，最后用叉子将爪子的位置按压上叉痕，猫头鹰饼干坯子就做好了。

5. 烤盘放入烤箱中上层，上下火，以180℃烤15～18分钟，至表面上色即可。

CARTOON COOKIES

小狮子饼干

●材料 INGREDIENTS

饼干糊 >

黄油——100克
糖粉——70克
鸡蛋——1个
低筋面粉——180克
可可粉——7克

蛋糕装饰 >

白色巧克力糖——适量
巧克力酱——适量
鸡蛋液——10毫升（黏合剂）

• 参考分量：25块
• 烘烤方法：180℃，上下火，中上层，15分钟左右

●做法 STEPS

1. 将黄油切成小块，提前放在室温下软化，加入糖粉搅打，简单混合均匀即可，不需打发。

2. 将鸡蛋打散，分两三次加入黄油里，搅拌均匀，筛入低筋面粉，制成面团。

3. 将面团分成1/3和2/3两份。

4. 将可可粉筛入到大份面团中，揉成巧克力色面团。将小份的黄色面团搓揉成直径4厘米左右的圆形条状，放进冰箱冷冻15分钟备用。将巧克力色面团用擀面杖擀成厚度为1～1.5厘米的长方形片状，放入冰箱冷藏10分钟。

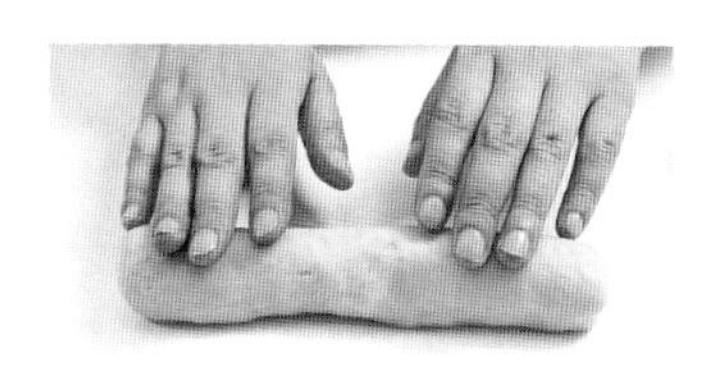

5. 把冷藏的巧克力面片和冷冻的黄色圆条取出，在巧克力面团的一面上，均匀地刷上一层蛋液。将黄色长条面团放在巧克力面团上，卷成一圈，多余的巧克力色面片可以切掉。用保鲜袋包好，放入冰箱冷冻40分钟以上至变硬。

6. 烤箱预热180℃，烤盘垫不沾布或不沾油纸，备用。

7. 取出面团，均匀地切成约0.6厘米左右的薄片，再用带花纹的模具将饼干的外圈切出花纹状。

8. 烤盘放入预热好的烤箱，设定180℃，上下火，于烤箱中上层烤15分钟左右。

9. 冷却后用巧克力酱在饼干片上画出小狮子的鼻子、眼睛和胡子，将白巧克力糖果黏在饼干上作小狮子的耳朵即可。

CARTOON COOKIES

小熊猫饼干

CAKE BISCUIT

●材料 INGREDIENTS

黄油——125克
糖粉——85克
鸡蛋——60克
低筋面粉——210克
可可粉——4克（棕色）
抹茶粉——7克（绿色）

· 参考分量：30块
· 烘烤方法：180℃，上下火，中上层，15分钟左右

●做法 STEPS

1. 将黄油切小块，放室温下软化，加入糖粉，用电动打蛋器搅打均匀。

2. 在打发的黄油中分3次加入鸡蛋，搅拌均匀。再筛入面粉搅拌均匀，成稠面糊。

3. 将面糊分成1/5、2/5、2/5三份，即一份稍小，另外两份稍大。

4. 在最小的面糊中筛入可可粉拌匀，制成棕色面团。

5. 另外两份面糊，一份直接揉成黄色面团，另外一份筛入抹茶粉制成绿色面团。

6. 将巧克力色的分成5份，1份小一点是作嘴巴用，另外4份可以平均分配，分别作两只眼睛和两个耳朵，将每份搓成均匀的长条，长20～25厘米，放入冰箱冷冻10分钟。

7. 将黄色面团分为3块，一片擀成长方形，厚1厘米、长20～25厘米、宽10厘米，中间放一块长20～25厘米、宽3厘米左右的黄色粗条，两边放上两条棕色长条为眼睛。每个面团和条之间刷一点蛋液黏合。将外面的黄色面团包裹起来。在两个眼睛下面中间的位置码放最细的一条棕色条当作嘴巴。在嘴边上盖一片黄色的面团。将做好的面团放入冰箱冷冻至硬。

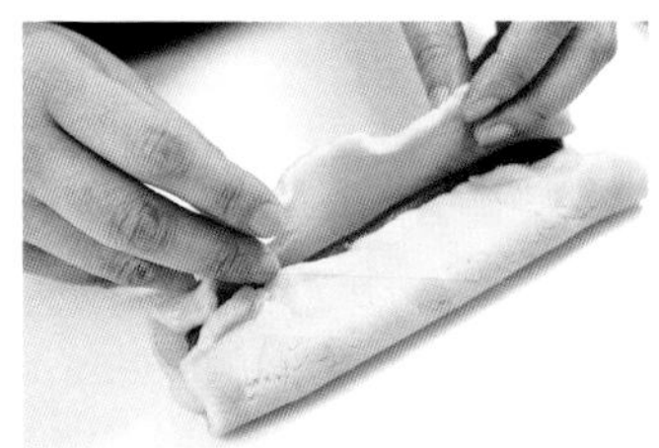

8. 取出冻硬的面团，将最后两条棕色的细条对应贴在眼睛的斜上方，中间用一块绿色的面团补齐。剩余的绿色面团擀成长方片将整个面团包裹住，再放入冰箱冷冻40分钟以上至完全变硬。

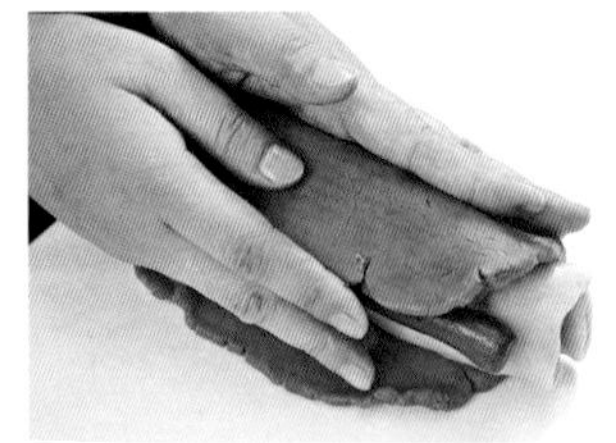

9. 取出冷冻好的面块儿，切厚片，饼干的横切面就是一只可爱的小熊猫啦。放入烤箱，设定180℃，中上层，烤约15分钟出炉即可。

Cooking tips

●这款饼干的主要难度在于各种颜色面团的形状制作和码放。做之前需要充分想象好小熊猫的样子，可以先画在纸上，按照图纸码放各种面团。

蜂蜜卡通饼干

CARTOON COOKIES

蜂蜜卡通饼干

CAKE BISCUIT

●材料 INGREDIENTS

黄油——50克
糖——60克
蜂蜜——45克
鸡蛋液——30毫升
牛奶——30毫升
低筋面粉——275克
肉桂粉——2克

· 参考分量：40块
· 烘烤方法：180℃，上下火，中上层，15分钟

●做法 STEPS

1. 将黄油、糖混合隔水加热至黄油和糖融化。

2. 加入蜂蜜、鸡蛋和牛奶混合拌匀。

3. 加入过筛的低筋面粉和肉桂粉，简单混合成面团，不要过分揉搓。包裹保鲜袋，松弛30分钟以上（夏季室温高，可以放入冰箱松弛）。

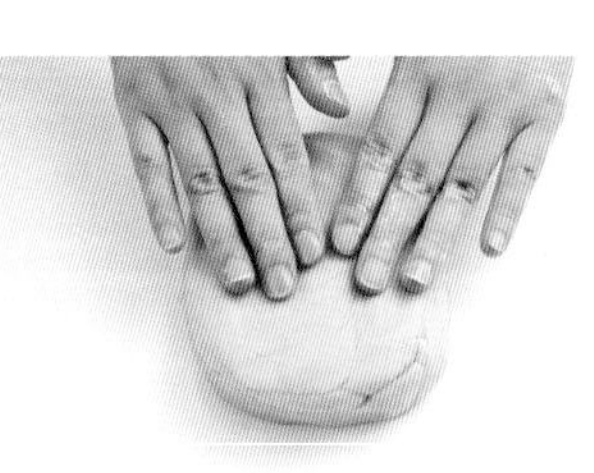

4. 取出松弛好的面团，擀成一张厚约0.4厘米的饼，再松弛10分钟左右。

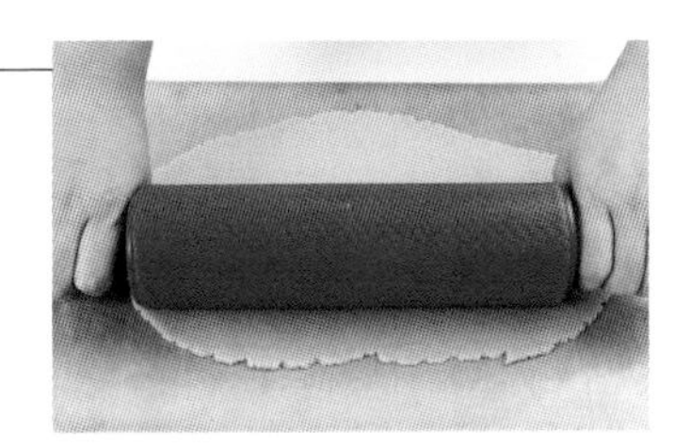

5. 烤箱预热180℃，烤盘垫不沾布或不沾油纸，备用。

6. 用叉子在面片上均匀扎上透气孔，防止烤的时候起鼓。

7. 用饼干模压出形状，压形时要尽量将面饼压断，这样在拿取时不会将形状撕扯变形。在移动时如果感觉沾底，可以用刀片托着，将饼干移至烤盘。

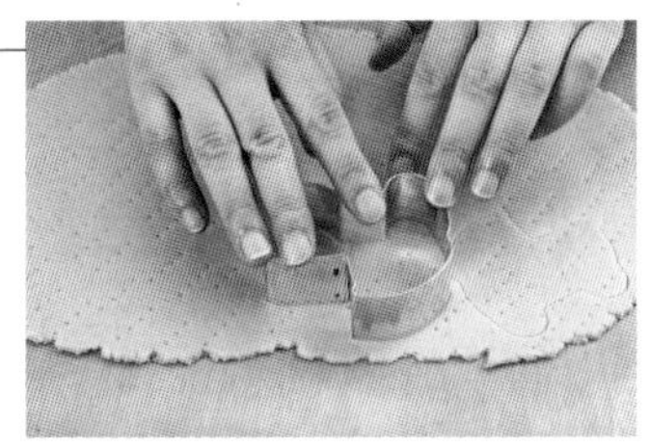

8. 烤盘放入烤箱中上层，设定180℃，上下火烤15分钟后取出。

Cooking tips

●如果面团出现面筋，在擀开时会比较容易回缩，烤好后也会再缩小，所以在混合面团时要尽量不过分揉搓。另外，面团的松弛和擀开后的松弛也会起到防止回缩的作用。

Fondant icing dessert

Part 2
最流行的翻糖糖霜甜点

叮叮当，叮叮当，铃儿响叮当。

圣诞节中必备的姜饼小人、饼干糖果屋都是翻糖糖霜作品中的大明星。

这个圣诞节，为什么不试试自己制作圣诞甜点呢？

FONDANT ICING DESSERT

糖霜卡通饼干

●材料 INGREDIENTS

饼干——适量
糖霜——适量
食用色素——适量

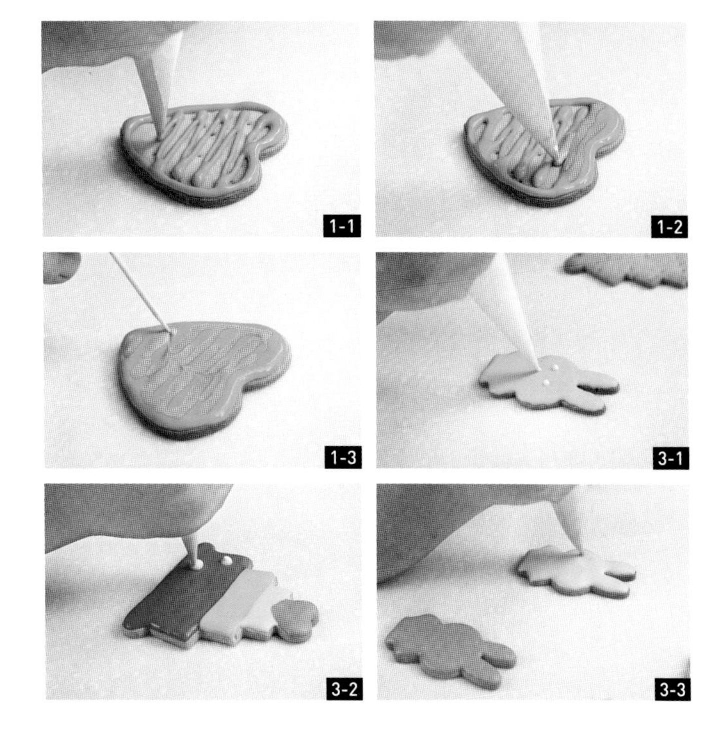

●做法 STEPS

1. 先将糖霜搅拌到可以滴落的稀稠程度（参照第28页蛋白糖霜做法步骤2）。

2. 根据需要加入色素调色。建议色素先加最少的分量，搅拌均匀后再根据实际颜色决定是否再添加。

3. 将调好色的糖霜装入裱花袋，剪开直径2毫米左右的口，慢慢沿饼干的边缘描画轮廓，再逐渐将内部都填满，放置在一旁晾干。

4. 在糖霜中再加入些糖粉搅拌均匀，使糖霜呈可以挤画线条的状态（参照第28页蛋白糖霜做法步骤3）。

5. 装入裱花袋，在晾干的糖霜平面上继续挤划线条图案，再晾干即可。

Cooking tips

●因为每种颜色的糖霜分量不多，建议自制油纸裱花袋（参照第30页裱花袋的制法）。

●晾干的装饰糖霜饼干可以装入保鲜盒存放数月之久，但是糖霜的颜色会变浅一些。

●糖霜越稀晾干的时间就越长，另外室内温度高湿度高时也会延长晾干的时间。

FONDANT ICING DESSERT

翻糖卡通饼干

●材料 INGREDIENTS

饼干——适量
翻糖皮——适量
食用色素——适量
糖粉——适量

●做法 STEPS

1. 准备饼干若干，参照第31页翻糖皮做法制作糖皮。
2. 取一小块糖皮（大约20克）掰碎，加少许水（大约20毫升），用微波炉或电磁炉加热至糖浆状，关火备用。这可以作为饼干和翻糖皮之间的黏合剂使用。
3. 根据需要为糖皮调色，需要注意的是，每种调色的糖皮要保证分量足够用，如果不够再次调色有可能出现色差。

4. 操作台上撒少许糖粉，然后将糖皮面团擀成厚2～3毫米的片状，用饼干或翻糖专用切模切压出卡通形状。

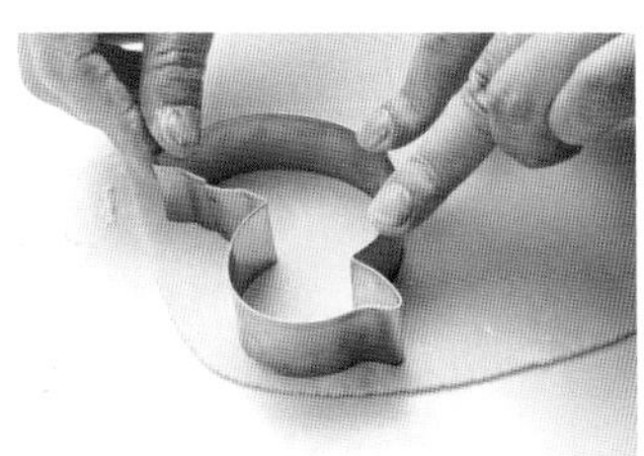

5. 在饼干上涂抹一层“黏合剂”，然后将压好的糖皮边缘跟饼干对齐，再用手将整块糖皮与饼干黏贴紧实。

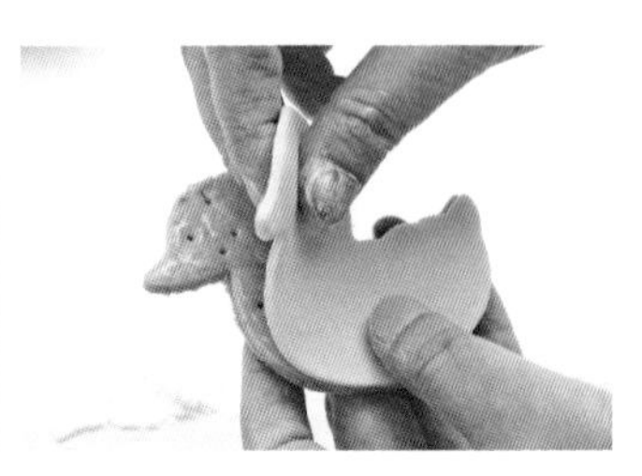
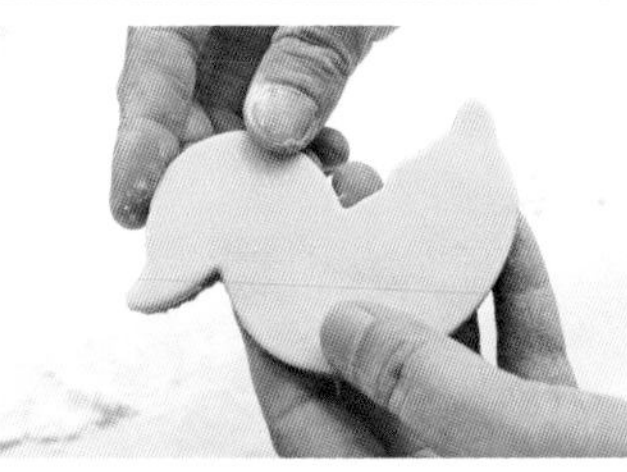

6. 根据设计的形状，像做橡皮泥一样制作各种小配件，也同样用“黏合剂”黏贴在糖皮底上即可。

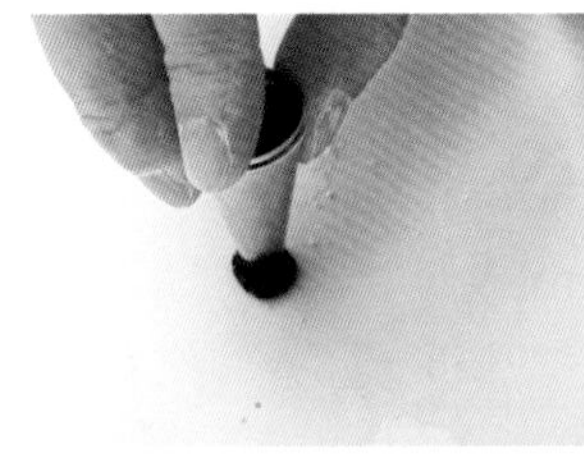

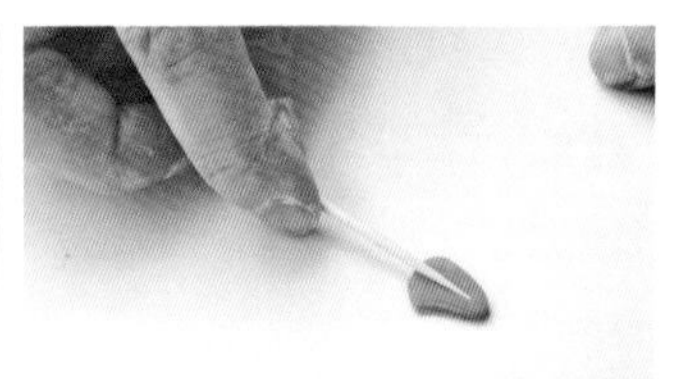
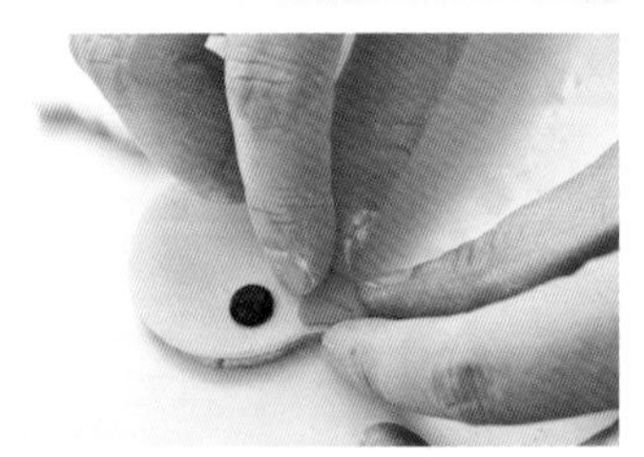
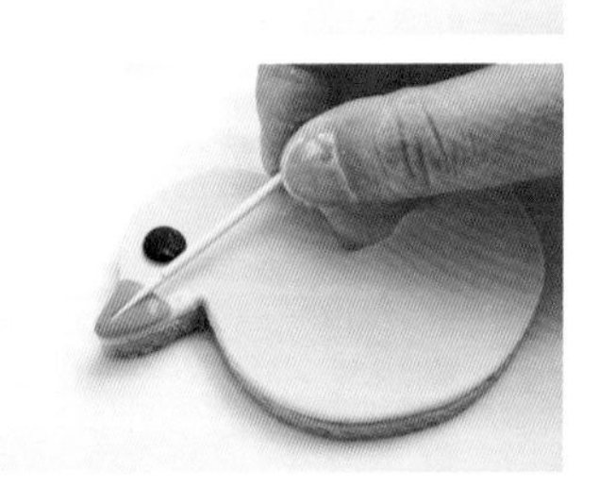

Cooking tips

●根据饼干的大小调整糖皮的厚度，饼干越大相对来说糖皮可以擀得越厚。

●可购买食用色素笔描画比较细小的环节，如人物或小动物的眼睛等，如果没有可以用调色的糖霜代替。

翻糖糖霜婚礼饼干

FONDANT ICING DESSERT

翻糖糖霜婚礼饼干

●材料 INGREDIENTS

饼干——适量
翻糖皮——适量
糖霜——适量
食用色素——适量
糖粉——适量
彩色糖粒——适量

翻糖婚礼饼干

●做法 STEPS

1. 准备适量饼干，参照第31页翻糖糖皮的做法制作糖皮。

2. 根据需要加入色素调色。建议色素先加最少的分量，搅拌开再根据实际颜色决定是否需要继续添加。

3. 做翻糖之前先掰碎一小块（大约20克）糖皮，加20毫升左右的水，用微波炉或电磁炉加热至糖浆状，关火后放凉作为饼干和翻糖皮的黏合剂使用。

4. 根据需要为糖皮调色，需要注意的是，每种调色的糖皮要保证分量足够。如果不够，再次调色有可能出现色差。

5. 操作台上撒少许糖粉，然后将糖皮面团擀成厚2～3毫米的片状。用饼干或翻糖专用切模切压出形状。

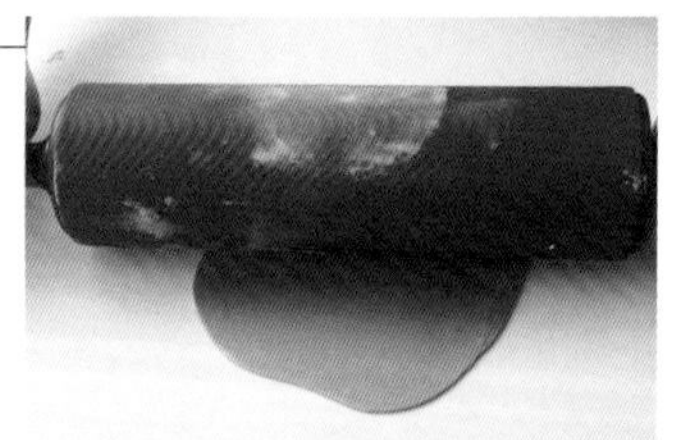

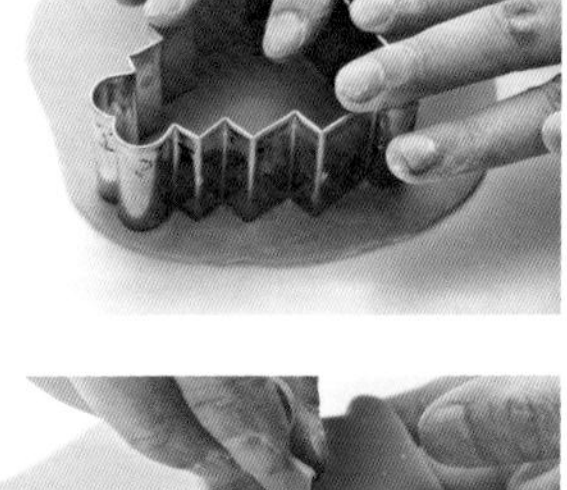

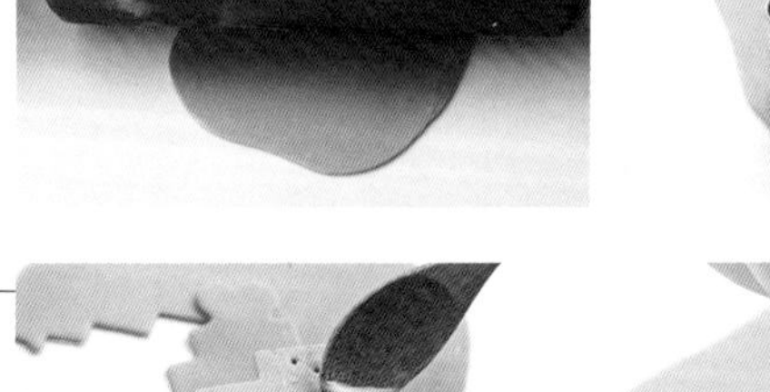

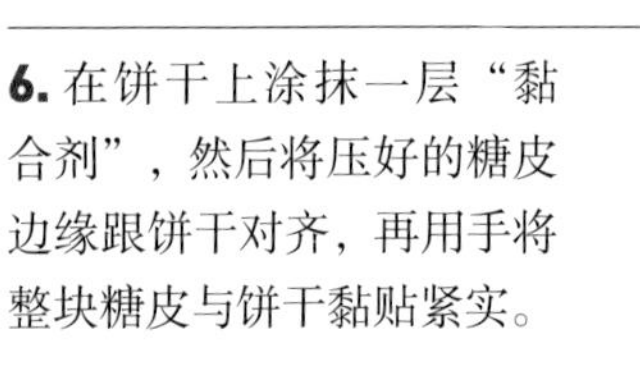

6. 在饼干上涂抹一层“黏合剂”，然后将压好的糖皮边缘跟饼干对齐，再用手将整块糖皮与饼干黏贴紧实。

7. 根据设计好的形状，像做橡皮泥一样制作各种小配件，也同样用黏合剂黏贴在糖皮底上。

有些装饰配件很微小，用镊子操作更方便。

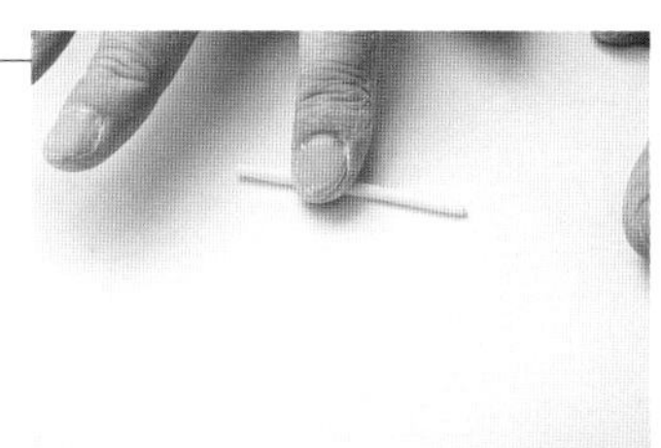

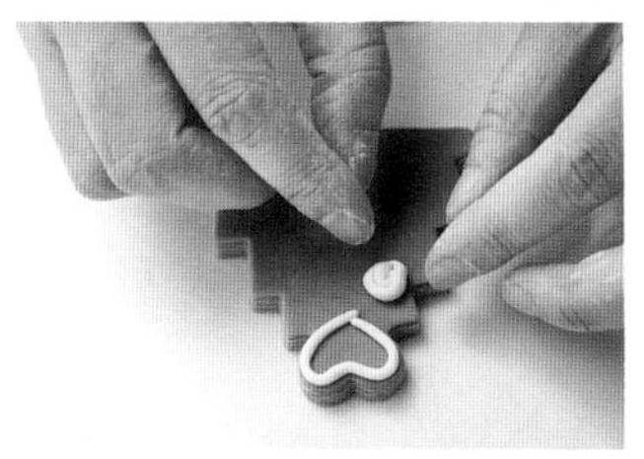

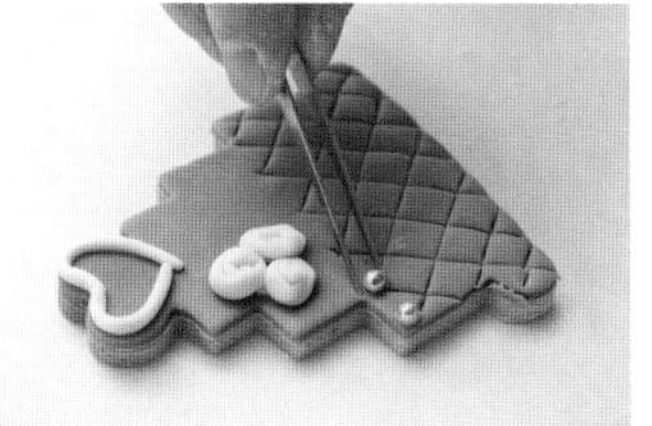

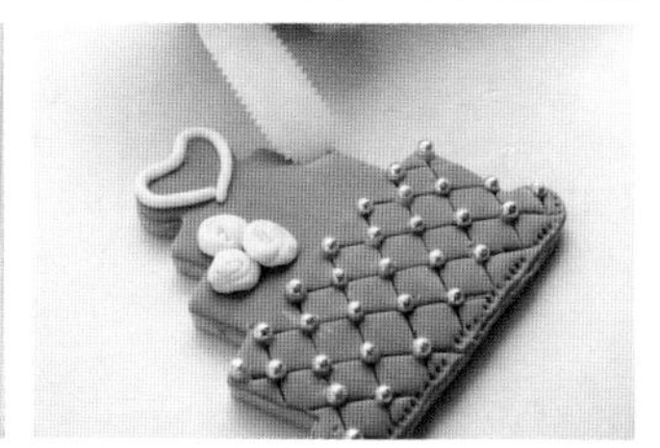

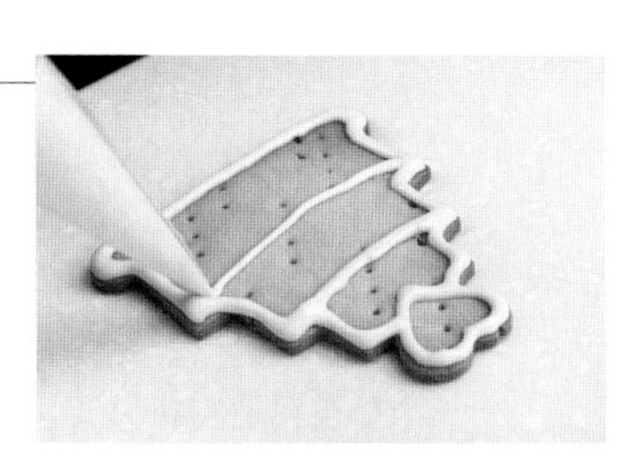

糖霜婚礼饼干

●做法 STEPS

1. 准备适量饼干，参照第28页糖霜的做法制作糖皮。将白色糖霜装入裱花袋，剪开2毫米左右的口，慢慢地在饼干上画出需要的图案轮廓。

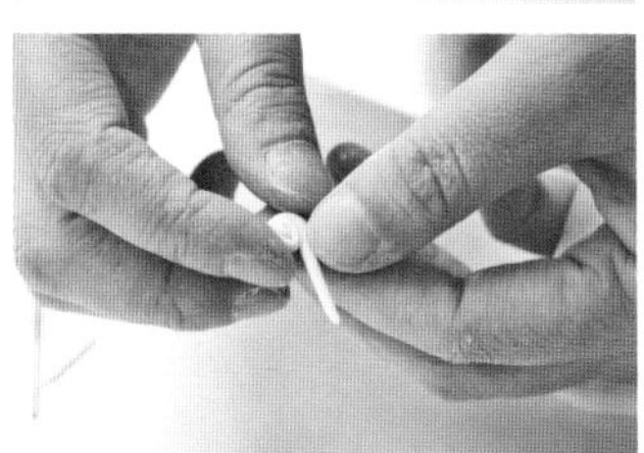

2. 马上在画好的糖霜线条上均匀撒满糖粒，然后将多余的糖粒抖掉即可。

3. 再用裱花袋均匀挤出糖霜，涂满整个饼干的空隙即可。

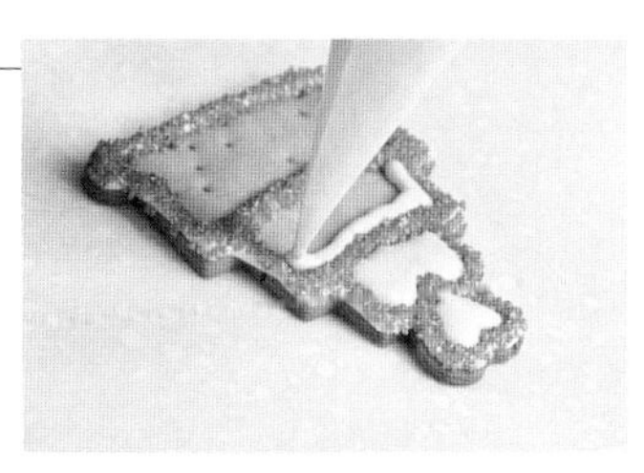

糖霜饼干的配饰可以根据自己的喜好尽情选择和搭配，糖粒、糖珠都可以。另外，糖霜饼干的图案也可以根据喜好随意创作，但要注意图案线条不能太过密集、复杂。

FONDANT ICING DESSERT

圣诞靴子翻糖饼干

●材料 INGREDIENTS

饼干——适量
翻糖皮——适量
食用色素——适量
椰蓉——适量

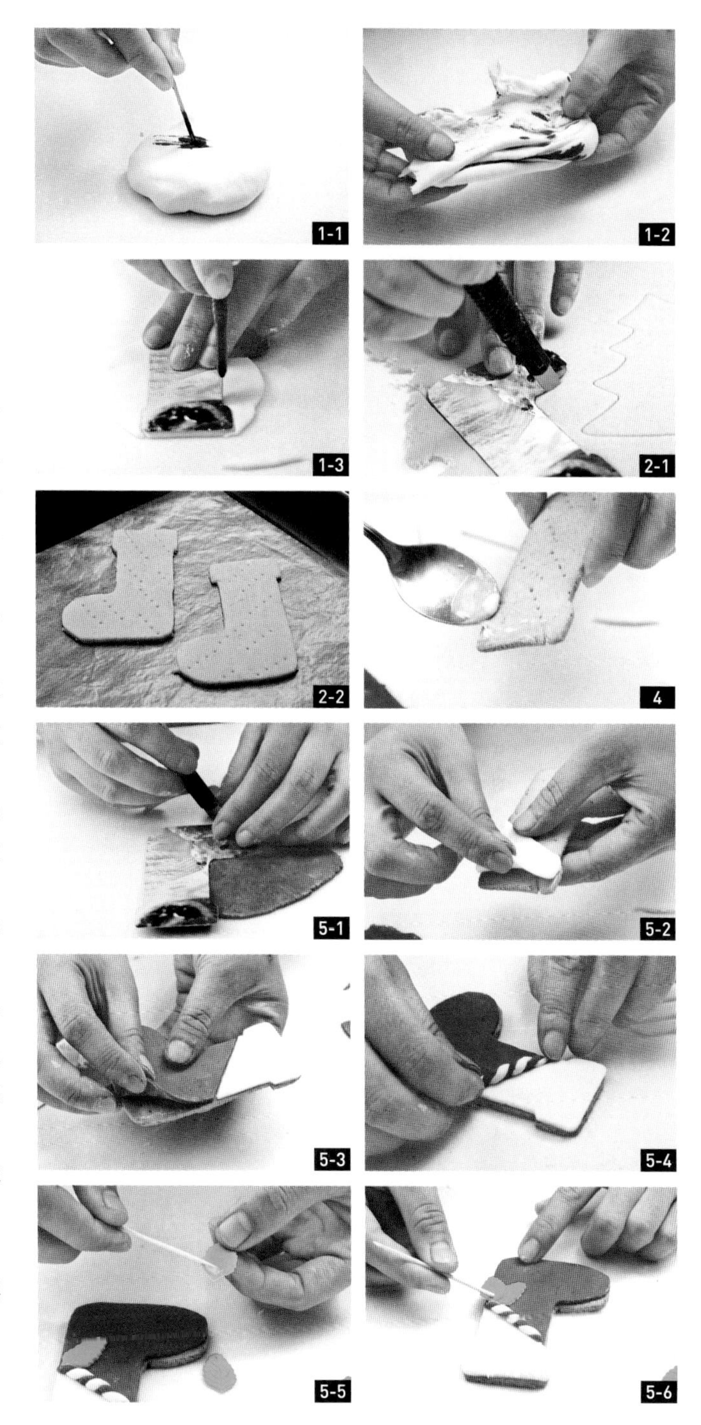

●做法 STEPS

1. 参照第31页糖皮的制作方法，制作红色、绿色和白色糖皮。色素与面团均匀混合后，将糖皮面团擀成厚2～3毫米的片状。用剪好的卡片当做模具压在糖皮上，用小刀沿着边缘切出形状。

2. 准备适量饼干。可以用厚纸片剪出靴子等的形状，做成模具。

3. 准备一小块糖皮（约20克），加20毫升水，用微波炉或电磁炉加热至糖浆状，关火后放凉作为饼干和翻糖皮之间的黏合剂使用。

4. 在饼干上涂抹一层“黏合剂”，然后将压好的糖皮边缘跟饼干对齐，再用手将整块的糖皮与饼干黏贴紧实。

5. 根据设计的形状，像做橡皮泥一样制作各种小配件，用黏合剂黏贴在糖皮底上。

6. 最后在靴子的上端刷一层“黏合剂”，撒上椰蓉晾干，装入包装袋即可。

FONDANT ICING DESSERT

拐杖雪花糖霜饼干

●材料 INGREDIENTS

饼干——适量
糖霜——适量
食用色素——适量

●做法 STEPS

1. 用硬纸做出拐杖和雪花的模具，制作拐杖饼干和雪花饼干，备用。

2. 参照第28页糖霜的制作方法，制作白色糖霜和红色糖霜。糖霜的量一定要充足，防止不够用再制作新糖霜时出现色差，影响美观。

3. 将白色糖霜装入裱花袋，剪开直径2毫米左右的口，慢慢在拐杖饼干上画出平行的线条，中间空出一条线的距离。将红色糖霜装入另外一个裱花袋，在饼干空余的地方填上红色线条即可。

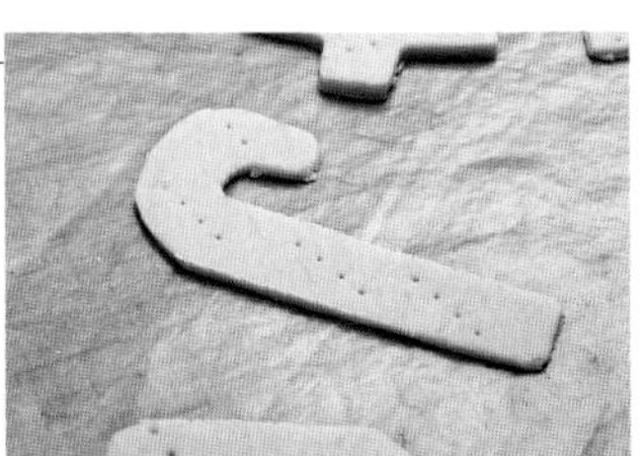

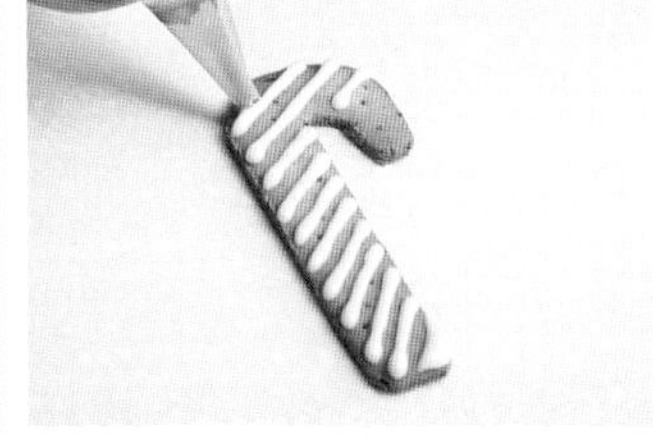

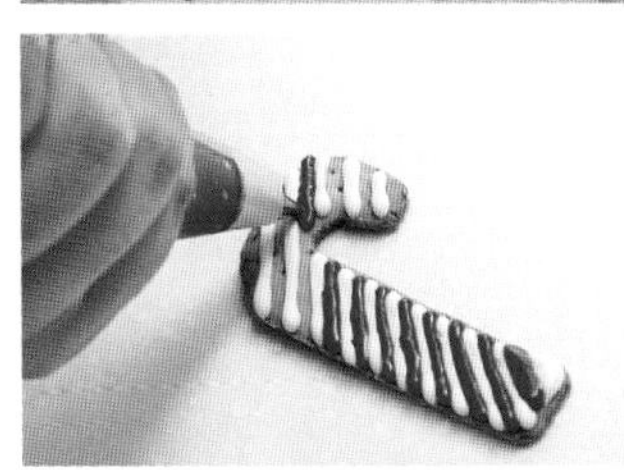

4. 雪花饼干用白色糖霜画出骨架线条即可。

FONDANT ICING DESSERT

翻糖花篮装饰饼干

CAKE BISCUIT

●材料 INGREDIENTS

饼干面团——适量
蛋白糖霜——适量
翻糖糖皮——适量
色素——适量
装饰银珠等——适量

- 参考分量：12厘米×15厘米大小的花篮2个
- 烘烤方法：175℃，上下火，中上层，15分钟左右

●做法 STEPS

1. 提前做好白色糖霜（参照第28页蛋白糖霜的做法），提前做好白色糖皮（参照第31页翻糖糖皮的做法）。

2. 制作饼干面团，擀成4毫米片状，扎孔，松弛10分钟。

3. 将事先画好形状的硬卡纸裁切下来当作模具，用锋利的小刀在饼干片上裁切出花篮形状的饼坯。

4. 将饼坯放入烤盘，入烤箱中上层，上下火，设定175℃，烘烤约15分钟左右，取出放凉，备用。

5. 将一小块糖皮加少许水加热融化成糖浆，作黏合剂，备用。

6. 将一块白色糖皮擀成厚2～3毫米的片状，用剪刀裁成均匀的细条。按照花篮的编织法（如图），将细条编织好，然后将每条连接的地方涂些“黏合剂”固定。将编制好的白色糖皮裁切整齐，黏在饼干上。

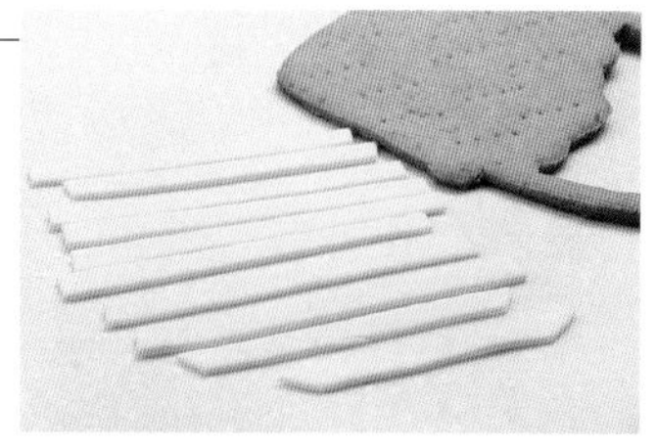

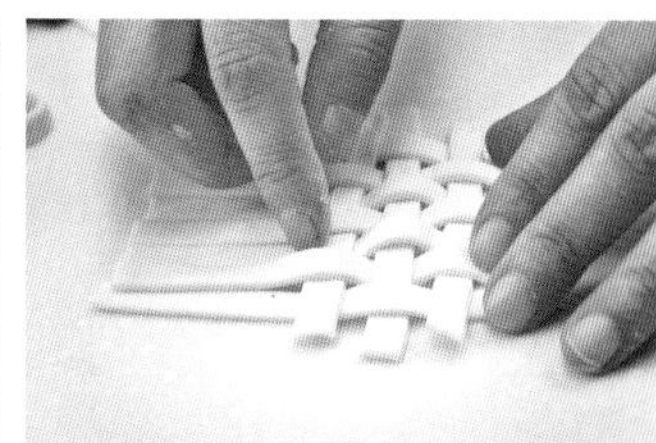

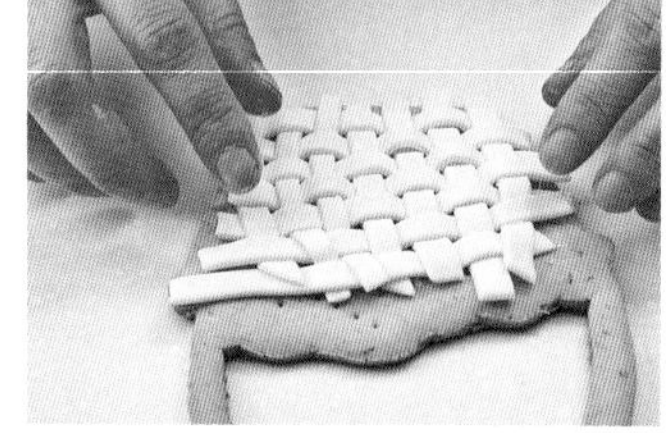

7. 参照第28页蛋白糖霜的做法，将糖霜调整至可以裱花的浓稠度，然后将一部分糖霜调成深蓝色，挤在花篮的两侧、底部以及提手部分。将花篮的顶部挤上白色糖霜，用来黏贴各种造型花朵。

Cooking tips

●各种花的颜色要注意搭配协调，摆放位置错落出层次才会漂亮。

8. 将白色糖皮按照需要调成各种颜色，取适量大小，擀平至2～3毫米后，用各种花朵和叶子模型压出需要的形状，适当修整后黏贴在花篮上。

Volume III of "The Life of
Greene," published in th
States last month by viki
the last years of the life o
of "Brighton Rock," "the
Matter," "The Quiet Ameri

FONDANT ICING DESSERT

翻糖玫瑰装饰蛋糕

●材料 INGREDIENTS

A. 蛋糕糊 >
糖——75克
无盐黄油——70克
盐——1/8勺
鸡蛋——80克
面粉——110克
泡打粉——1/2小勺

B. 翻糖糖皮——800克
食用色素——适量

C. 黏合剂 >
翻糖糖皮——30克
水——20毫升

D. 防沾 >
糖粉——100克

· 参考分量：6寸蛋糕模1个
· 烘烤方法：150℃，上下火，中下层，约65分钟

●做法 STEPS

1. 制作蛋糕坯（参照第一章任意一款装饰蛋糕配方），放凉后备用。

2. 制作翻糖糖皮（参照第31页）。

3. 将蛋糕坯表面用刀切去多余的部分，修整齐平，用毛刷将蛋糕渣扫干净。

4. 将C料中的糖皮和水混合，放入小锅，小火加热融化成浓糖汁，作黏合剂使用。

5. 操作台上撒些糖粉防沾。取大约400克翻糖皮，擀成厚3毫米的薄片，然后用蛋糕模底部作模版裁切一块与蛋糕一样大小的圆片。在蛋糕顶部刷一层黏合剂，将糖皮贴在蛋糕上，用平板工具将其压紧压平。再将剩余的糖皮裁切成一条与蛋糕高度一致的长条，同样在蛋糕侧面刷黏合剂。将糖皮贴在蛋糕侧面，也用工具压紧压平，放置15分钟，晾干备用。

6. 将剩余的400克糖皮擀成厚3毫米的薄片，面积要大于蛋糕表面的1.5倍。在已经铺了一层糖皮的蛋糕表面再次刷黏合剂。将擀好的糖皮覆盖在蛋糕上，用手一点点将糖皮贴在蛋糕上，侧面需要用手压紧十几秒以确保黏牢。侧面多余的部分用剪刀或者小刀切掉，整体再用平板工具压紧压平几次。

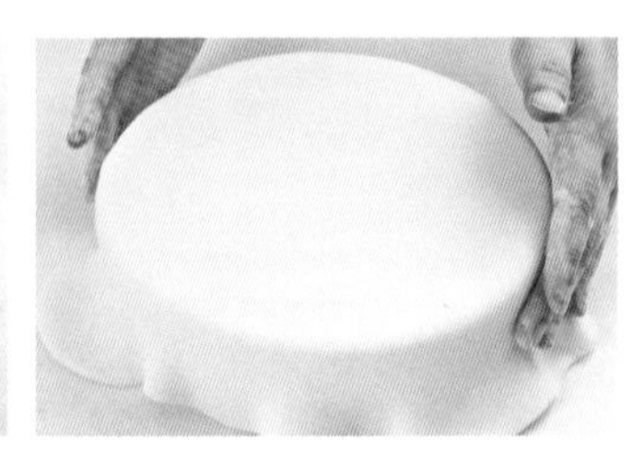

7. 将剩余的糖皮重新揉搓几下至表面细腻湿润，然后将一部分调成粉色，如图制成粉色的玫瑰花，用黏合剂黏贴在蛋糕表面。用白色的糖皮制作白色玫瑰，与粉色玫瑰交替码放在蛋糕表面，围合一圈。最后将剩余的糖皮调成绿色，擀成2毫米的片状，用叶子翻糖压模压出叶子形状，黏贴在玫瑰花的周围。

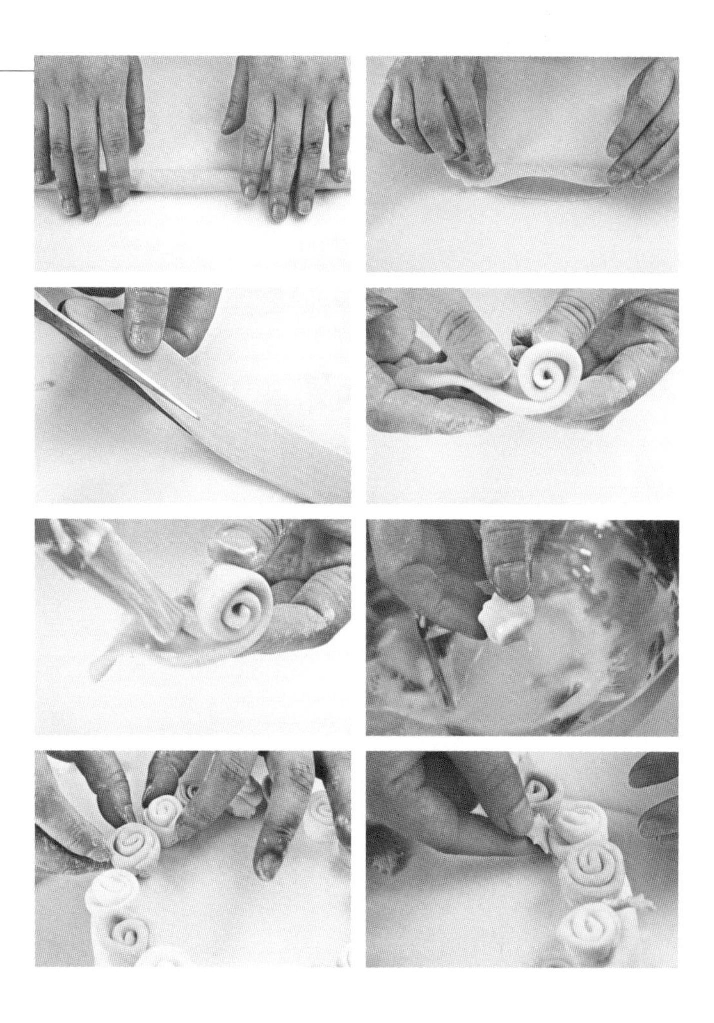

8. 最后用剪刀裁切1.5厘米宽的细条，围合在蛋糕底部的周围，同时用剩余的糖皮做成蝴蝶结，加以装饰即可。

Cooking tips

●整个蛋糕放置2小时至完全干透后再移动。

●装饰好的小配件有的比较脆薄，移动时要特别小心。

FONDANT ICING DESSERT

翻糖海底世界装饰蛋糕

●材料 INGREDIENTS

A. **蛋糕糊** >
糖——75克
无盐黄油——70克
盐——1/8勺
鸡蛋——80克
面粉——110克
泡打粉——1/2小勺

B. 翻糖糖皮——2000克
食用色素——适量

C. **黏合剂** >
翻糖糖皮——70克
水——50毫升

D. **防沾** >
糖粉——100克

◆◇◆◇◆◇◆◇◆◇◆

- 参考分量：6寸蛋糕模1个
- 烘烤方法：150℃，上下火，中下层，约65分钟

●做法 STEPS

1. 制作蛋糕坯（参照第一章任意一款装饰蛋糕配方），放凉后备用。

2. 制作翻糖糖皮（参照第31页）。

3. 覆盖糖皮（做法参照第75页翻糖玫瑰装饰蛋糕）。

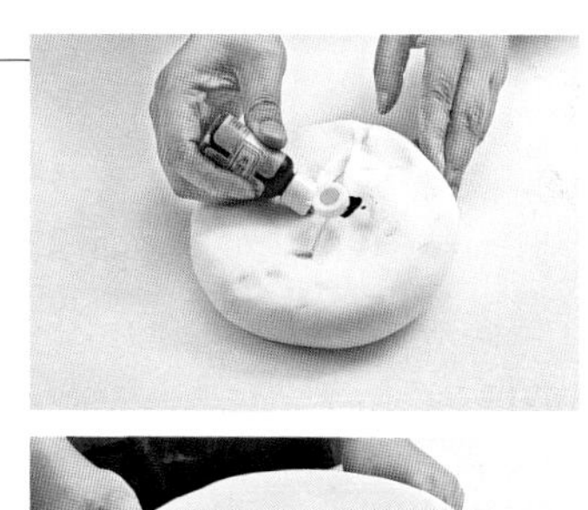

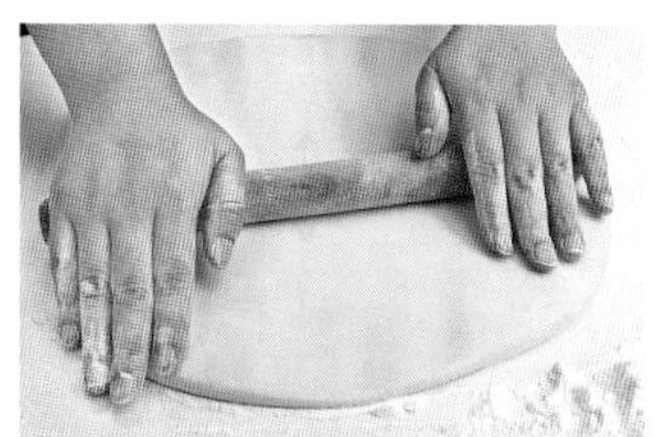

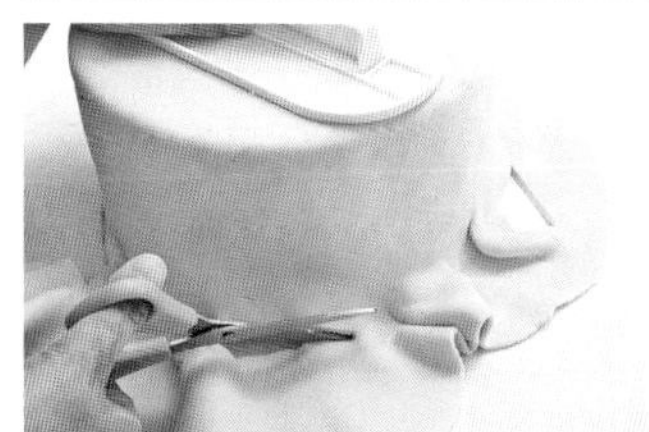

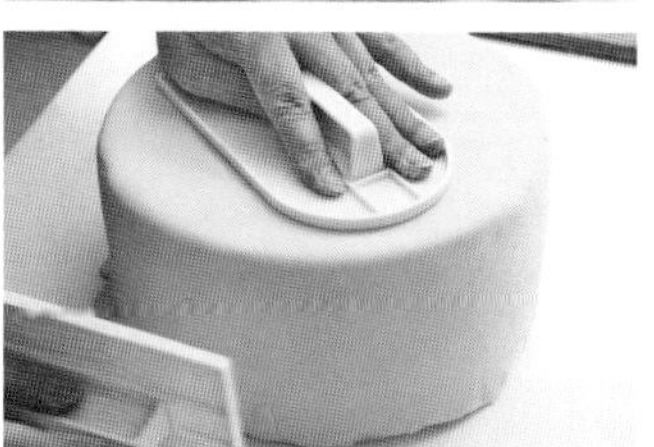

4. 如图制作各种小配件，组装黏合即可。

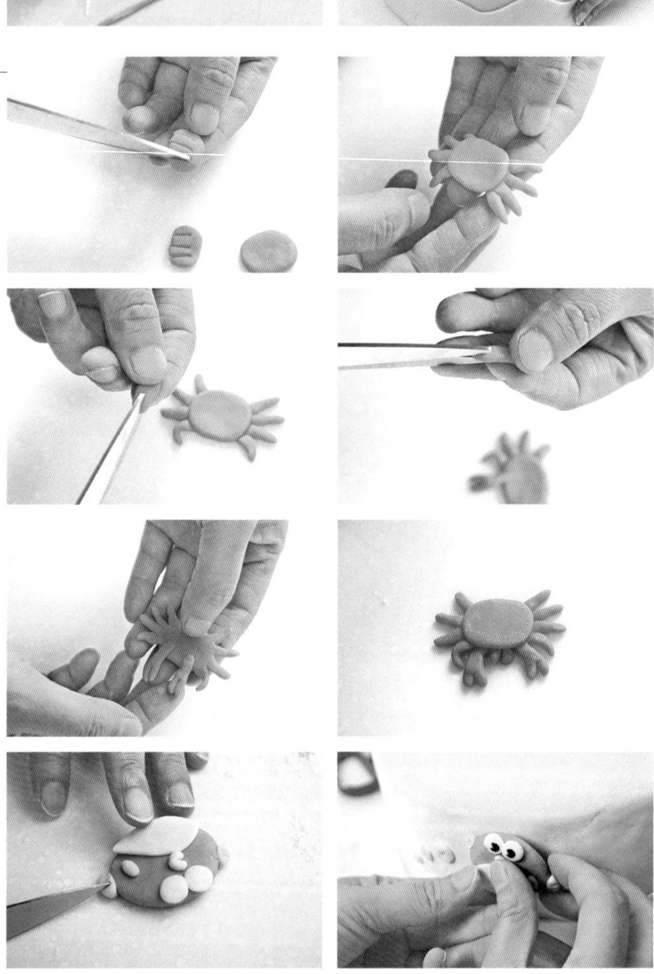

Cooking tips

●制作蛋糕前要先设计好样式、颜色搭配、细节装饰等。要事先找好参考图案，尝试能否做成比较相似的成品。

●这款蛋糕的尺寸是双层8寸再叠加双层6寸。如果是为了摆放而不是食用，也可以用泡沫模具当作蛋糕坯。

翻糖装饰姜饼屋

FONDANT ICING DESSERT

翻糖装饰姜饼屋

●材料 INGREDIENTS

蛋糕糊 >

黄油——60克
红糖——50克
糖粉——50克
蜂蜜——50克
鸡蛋——25克
牛奶——40毫升
低筋面粉——350克
小苏打——2克
姜粉——5克
肉桂粉——2克

蛋糕装饰 >

糖霜——适量
食用色素——适量
装饰糖果——适量
糖粉——适量
柠檬汁——适量

· 参考分量：6寸蛋糕模1个
· 烘烤方法：175℃，上下火，中上层，约15分钟

●做法 STEPS

1. 将黄油、红糖、糖粉混合拌匀，再加入鸡蛋、蜂蜜、牛奶，搅拌均匀。

2. 低筋面粉、小苏打、姜粉、肉桂粉混合过筛，加入以上的液体，简单地拌成面团（不要过久地搅拌，以免面团出筋）。

3. 将揉好的面团包裹一层保鲜膜，放入冰箱静置20分钟左右。

4. 将松弛好的面团从冰箱中取出，用擀面杖擀成3毫米厚的片状，在表面扎上一些孔（帮助排气）。

5. 依据画好的模型板，切出屋子要用的饼干数量和形状。

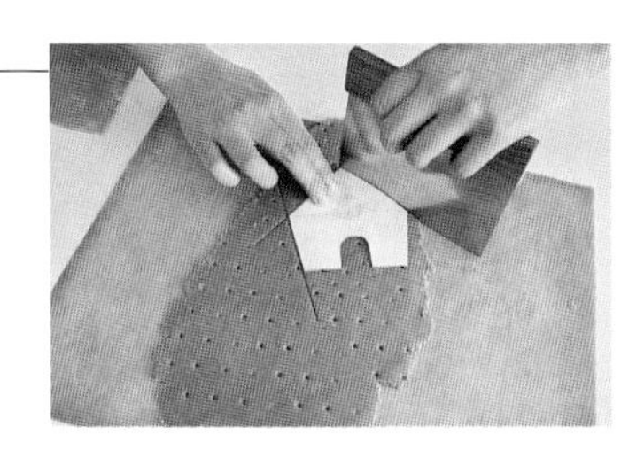

6. 将饼干放在不沾布上，松弛5分钟。

7. 烤箱预热至175℃，饼干放入烤箱中层，烤约15分钟。

8. 将烤好的饼干从烤箱中取出，放凉，制作蛋白糖霜。

9. 在蛋白中加入柠檬汁，搅拌过程中分5～6次加入糖粉，每加一点都搅打均匀。糖霜的浓度可以随需要调节。如果是画屋子表面，要用稀一点的，糖粉加入一多半就可以了；如果是要黏合整个房子用的黏合剂，要多加一些糖粉，需打到浓稠状态。

10. 在打好的稀蛋白糖霜中加入几滴食用色素，搅拌均匀，即成彩色的糖霜。糖霜装入裱花袋，挤在饼干表面作装饰。最后用浓稠的蛋白糖霜黏合姜饼屋即可。

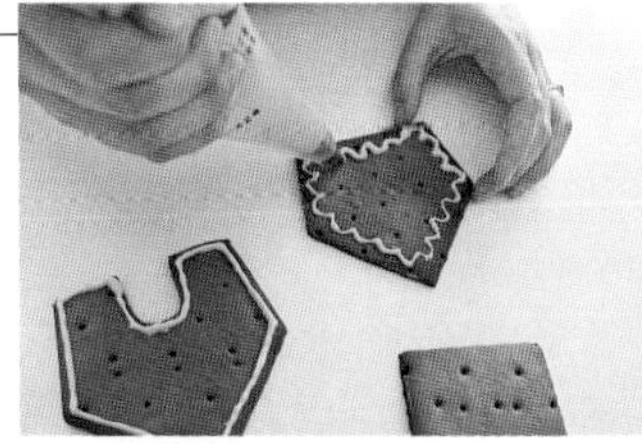

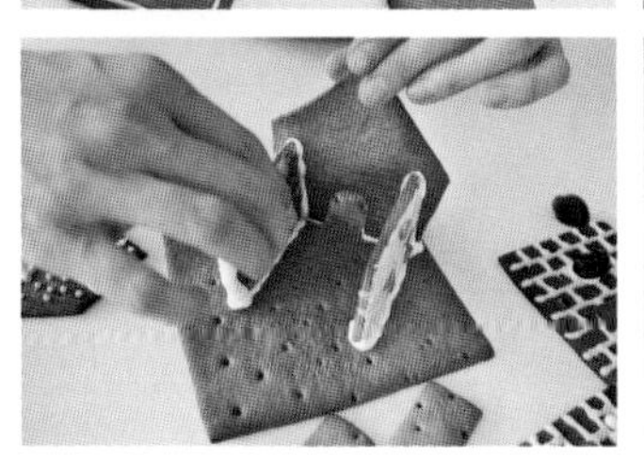

Part 3

超人气时尚装饰蛋糕

草莓剪裁着夏的彩衣，香橙点缀着秋的香甜。
纯白的奶油幻作滑雪场，水果们嬉笑打闹间便创造了童话般的美丽世界。
配合着甜蜜的糖果与果酱，装饰蛋糕的世界如此梦幻美好。

DECORATION CAKES

可可戚风蛋糕

CAKE BISCUIT

●材料 INGREDIENTS

- 参考分量：8寸蛋糕模1个
- 烘烤方法：160℃，上下火，中下层，约60分钟

A. **蛋黄面糊** >

蛋黄——4个
糖——20克
盐——1克
色拉油——45克
牛奶——50克
香草香精——2滴

B. **可可面糊** >

低筋面粉——72克
可可粉——8克
泡打粉——1/4小勺（约2克）

C. 蛋白——4个

柠檬汁——3~5滴（或塔塔粉2克）
糖——60克

Cooking tips

●可可粉的品牌种类不同吸水性不同，同时可可粉表面更涩不容易跟面糊混合均匀，可以将其先放入打好的蛋黄中用电动打蛋器搅打更容易拌匀。

●做法 STEPS

1. 将蛋黄、糖放入容器，打至蛋黄颜色变浅、糖基本溶化，并且蛋黄液变得浓稠有光泽，加入盐，搅拌均匀后加入色拉油，每加一次要搅拌均匀后再加下一次，牛奶也同样加入蛋黄糊中，最后加入香草香精搅拌均匀。

2. 将B料全部混合，过筛后加入蛋黄糊中，用橡皮刮刀搅拌均匀成可可面糊。

3. 蛋白加入柠檬汁后，用电动打蛋器打发，中间分3次加入糖，打至九分发即可。

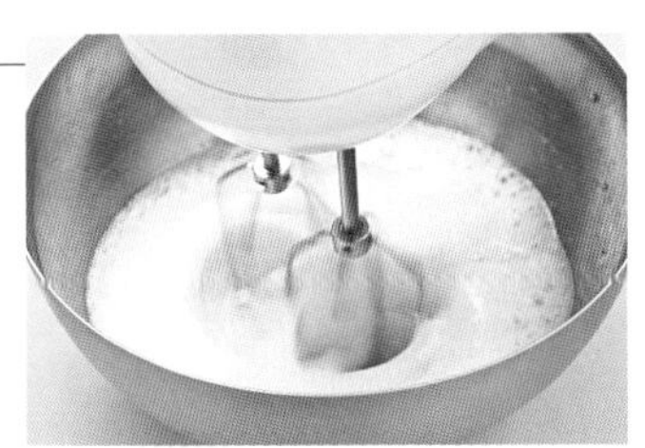

4. 烤箱预热至160℃。将1/3的蛋白倒入可可面糊中，用刮刀翻拌均匀，再继续分两次拌入剩余的蛋白。倒入模具，轻磕几下，排出气泡。

5. 放入烤箱中下层，上下火，烤60分钟左右，用手轻轻拍打蛋糕表面，没有沙沙的声音即可。烤好后立即取出，倒扣在烤网上晾凉脱模。

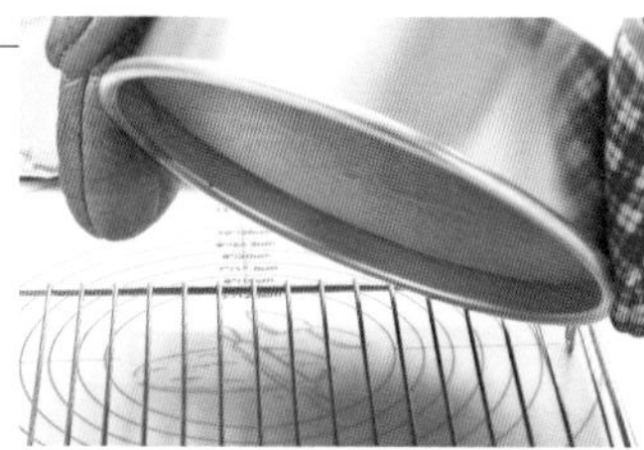

Cooking tips

●戚风蛋糕是英文Chiffon Cake的音译，Chiffon原意为雪纺绸，也体现出这款蛋糕质地轻盈松软、弹性十足、低脂高水分、口感细腻软润的特点，这让它成为最受欢迎的蛋糕之一。

●烤箱一定要提前预热，烘烤的火候和时间要注意观察，烘烤温度在160～180℃也可以，烘烤时间可相应缩短至45分钟左右。140～160℃之间烘烤更不容易开裂，但烘烤时间会长些，如果烤不透容易回缩。

松露巧克力蛋糕

松露巧克力蛋糕

●材料 INGREDIENTS

黄油——50克
黑巧克力——100克
蛋黄——3个
糖——80克
鲜奶油——50克
白兰地酒——20毫升
低筋面粉——30克
可可粉——10克
蛋白——3个

蛋糕装饰 >
鲜奶油——80克
可可粉——适量
巧克力碎——适量

· 参考分量：6寸蛋糕模1个
· 烘烤方法：180℃，上下火，中下层，约50分钟

●做法 STEPS

1. 将黄油放在容器里，隔着热水融化（或者用微波炉小火加热20秒左右），然后加入切碎的黑巧克力，搅拌均匀至巧克力完全化开，稍微凉至约50℃。

2. 将烤箱预热至180℃。

3. 蛋黄和20克糖混合搅拌，加入融化的黄油巧克力液搅拌均匀，再加入白兰地酒和鲜奶油拌匀，筛入低筋面粉和可可粉，拌成面糊备用。

4. 在蛋白中分2～3次加入60克糖，用打蛋器搅打至质地结实细腻、纹路清晰的硬性发泡状态。

5. 将蛋白分2次加入到巧克力面糊中，用橡皮刮刀翻拌均匀，倒入模具，稍稍抹平，放入烤箱中下层，烤约50分钟出炉。

6. 出炉后放凉再脱模，表面抹一层搅打至浓稠的鲜奶油，再筛上可可粉，码放巧克力碎屑装饰即可。

Cooking tips

●这款巧克力蛋糕用到的面粉很少，巧克力、鸡蛋和糖的分量都比较大，不仅巧克力味道非常浓郁，并且因为蛋白的打发，口感也比较松软，入口即化，很像松露巧克力。

●装饰用的鲜奶油只需简单搅打至浓稠状态即可，涂抹随意，不必整齐。

DECORATION CAKES

焦糖果仁摩卡蛋糕

●材料 INGREDIENTS

A. 海绵咖啡蛋糕 >

鸡蛋——2个
糖——60克
咖啡粉——3克
低筋面粉——60克
融化黄油——20克

B. 焦糖果仁碎 >

水——30毫升
糖——80克
杏仁——20克
核桃——20克
榛子——20克
杏仁粉——10克

C. 咖啡奶油霜 >

黄油——150克
速溶咖啡粉——3克
蛋白——40克
糖——65克
水——20毫升

- 参考分量：6寸蛋糕模1个
- 烘烤方法：175℃，上下火，中下层，约35分钟

●做法 STEPS

1. 烤箱预热175℃。将鸡蛋提前从冰箱取出，恢复至室温。

2. 将A料中的鸡蛋打散，和糖放在容器里，用打蛋器打发至蛋糊颜色发白、体积膨大两倍且浓稠，提起打蛋头，滴落的蛋糊纹路也能持续8～10秒才消失至平整即可。

室温比较低时，隔着热水的热气打发，能让蛋液很快达到需要的状态。

3. 咖啡粉用5毫升左右的温水稀释，搅拌均匀倒入蛋糊中，接着筛入低筋面粉搅拌均匀，再将融化的黄油（注意温度不能太高，50℃以下）倒入，迅速搅拌均匀后倒入蛋糕模。

4. 蛋糕模放入烤箱中下层，设定175℃，烘烤约35分钟。

5. 将B料中的各种果仁切碎，和杏仁粉混合均匀，水和糖放入小锅，煮至呈琥珀色的焦糖水，再加入果仁碎拌匀，倒在砧板或不沾油纸（布）上放凉，待变硬变凉后切成碎粒，备用。

熬制焦糖或者糖浆时宜选用砂糖，砂糖纯净度好于绵白糖，熬出的透明度也更好。

6. 将C料中的黄油放入容器，加入速溶咖啡粉搅打顺滑，备用。

7. 将C料中的蛋白和5克糖混合搅打至五分发，水和糖60克放入小锅加热成微黄浓稠的糖液，慢慢加入正在搅打的蛋白中，继续搅打蛋白至硬性发泡，再与打软的咖啡黄油混合搅拌成咖啡奶油霜。

8. 用刀将烤好的蛋糕顶部修整齐平，然后横切成均匀的三片蛋糕片，每层涂抹薄薄的咖啡奶油霜，再撒上焦糖果仁碎，最后将整个蛋糕的表面都涂抹一层咖啡奶油霜，装饰些焦糖果仁即可。

香橙磅蛋糕

DECORATION CAKES

香橙磅蛋糕

CAKE BISCUIT

●材料 INGREDIENTS

A. 糖渍橙片 >

糖——35克
水——25毫升
橙子——2个

B. 橙味酱 >

吉利丁片——1片（约5克）
鸡蛋——1个
橙汁——100毫升
糖——50克
黄油——60克

C. 橙味夹馅 >

黄油——65克
糖粉——15克
橙味酱——50克

D. 橙味磅蛋糕 >

无盐黄油——70克（室温）
糖——75克
盐——1/8小勺
鸡蛋——80克
面粉——110克
泡打粉——1/2小勺
君度橙味酒——20毫升

E. 蛋糕装饰 >

白巧克力——100克
糖渍橙片——适量

· 参考分量：11厘米×5厘米的长方蛋糕模2个
· 烘烤方法：180℃，中下层，40分钟

●做法 STEPS

1. 将A料中的糖和水放入锅中，加热成稀糖水；将橙子连皮洗干净，切成薄片，放入糖水中小火煮至汤汁收干，成糖渍橙子片，捞出放凉，备用。

2. 将B料中的吉利丁片放入冷水中浸泡5~10分钟，将鸡蛋液、橙汁、糖和黄油放入小锅，小火边加热边搅拌至混合物浓稠即可关火，再搅拌降温至温热，加入泡好的吉利丁片搅拌溶化，放凉。

3. 将C料中的黄油切成小块，室温软化，加入糖粉搅打成膏状，再加入50克放凉后的橙味酱搅拌均匀，制成橙味夹馅，备用。

4. 烤箱预热到180℃。用电动打蛋器将D料中的无盐黄油、盐和糖打发至蓬松发白，接着分4~5次加入打散的鸡蛋液并搅拌均匀，再将面粉和泡打粉混合筛入黄油鸡蛋中，接着倒入橙味酒，用橡皮刮刀混合均匀成面糊。

5. 面糊倒入模具，放入烤箱中下层烤40分钟左右，烤好的蛋糕取出放凉，备用。

6. 将蛋糕放凉后横切三片，分别涂抹一层橙味夹馅，将三片叠放在一起。白巧克力隔水加热融化成液体后淋在蛋糕上，表面再装饰橙子片即可。

DECORATION CAKES

榴莲芝士蛋糕

●材料 INGREDIENTS

消化饼干——80克
融化黄油——35克
牛奶——10毫升
榴莲肉——200克
奶油奶酪——200克
糖——45克
鲜奶油——80克
酸奶——65克
鸡蛋——1个
鲜水果——适量
蜂蜜——适量

●做法 STEPS

1. 将消化饼干擀碎，加入融化的黄油和牛奶搅拌均匀，倒入模具底部，压平实，放入冰箱冷冻10分钟使饼干底固定。

2. 榴莲肉用食品加工机搅拌成泥。烤箱预热至150℃。

3. 奶油奶酪切成小块加糖（室温低时可以采用隔水加热让奶酪变软，更易操作），用打蛋器搅打至软顺、无颗粒。

4. 倒入酸奶、鲜奶油和榴莲果泥并搅拌均匀，磕入鸡蛋拌匀，成芝士糊。

5. 将芝士糊倒入冻好饼干底的模具中，放入烤箱中下层，设定150℃，上下火，烘烤约50分钟至表面凝固即可。

6. 烤好后放凉冷藏再食用口感更好，表面可刷一层蜂蜜或稀果酱保湿，再用水果装饰即可。

DECORATION CAKES

蓝纹芝士蛋糕

●材料 INGREDIENTS

消化饼干——80克
融化黄油——35克
牛奶——10毫升
蓝纹奶酪——80克
奶油奶酪——120克
糖——35克
盐——1克
酸奶——120克
鸡蛋——1个
大杏仁碎——15克
鲜奶油——适量
苏打饼干——两片
大杏仁——10颗

- 参考分量：6寸蛋糕模1个
- 烘烤方法：160～180℃，上下火，中下层，约55分钟

Cooking tips

●蓝纹奶酪，风味辛辣。霉菌的繁殖使奶酪形成了漂亮的蓝色花纹，味道比起其他的奶酪来显得辛香浓烈。此款烤芝士蛋糕为了突出蓝纹奶酪的味道，加了一点盐，有明显的咸味。另外，烘烤时也加深了色泽，用以与甜味奶酪作区分。

●做法 STEPS

1. 将消化饼干擀碎，加入融化的黄油和牛奶搅拌均匀，倒入模具底部，压平压实，然后放入冰箱冷冻10分钟使饼干底固定。烤箱预热160℃。

2. 蓝纹奶酪和奶油奶酪切成小块，加入糖和盐（室温低时可以采用隔水加热让奶酪变软，更易操作），用打蛋器搅打至软顺、无颗粒。

3. 接着倒入酸奶并搅拌均匀，放入杏仁碎，最后磕入鸡蛋拌匀，成芝士糊。

4. 将芝士糊倒入冻好饼干底的模具中，放入烤箱中下层，160℃，上下火，烘烤约45分钟至表面凝固，然后将温度调高至180℃，再烤10分钟至表面颜色变深即可。

5. 烤好后放凉冷藏口感更佳，表面涂抹适量鲜奶油，再用苏打饼干和杏仁块装饰即可。

DECORATION CAKES

欧培拉蛋糕

CAKE
BISCUIT

●材料 INGREDIENTS

A. 杏仁海绵蛋糕 >

杏仁粉——70克
低筋面粉——55克
糖粉——80克
鸡蛋——3个
黄油——20克
蛋白——3个
糖——20克

B. 咖啡奶油馅 >

糖——100克
水——30毫升
蛋黄——3个
黄油——150克
浓咖啡液——10毫升

C. 巧克力甘那许 >

淡奶油——35克
牛奶——35毫升
黑巧克力——85克

D. 咖啡酒糖液 >

糖浆（或蜂蜜）——15克
咖啡液——35毫升
咖啡酒——10毫升

E. 淋面 >

黑巧克力——100克
融化黄油——10克
鲜奶油——15克

- 参考分量：32厘米×45厘米的烤盘1个
- 烘烤方法：200℃，上下火，中上层，约10分钟

●做法 STEPS

1. 烤箱预热200℃，烤盘铺好不沾油纸。

2. 将A料中的3个鸡蛋打散。将低筋面粉、杏仁粉、糖粉混合，筛入鸡蛋液中，再加入融化的黄油混合均匀。

3. 将A料中的3个蛋白和糖混合，用打蛋器搅打至质地结实细腻、纹路清晰，接近硬性发泡状态，分两次加到面糊中搅拌均匀。

4. 将面糊倒入烤盘中抹平整，放入烤箱中上层，上下火，烤约10分钟。将烤好后的蛋糕片取出，趁热撕去不沾油纸，在烤网上放凉备用。

5. 将B料中的糖和水放入小锅加热至微黄浓稠，同时将3个蛋黄搅打浓稠，将热糖浆全部慢慢加入到正在搅打的蛋黄中，继续搅打至均匀。再把B料中的黄油搅打至柔软顺滑，然后分3次将蛋黄糖浆加入黄油中，搅打均匀，再加入浓咖啡液继续搅拌成咖啡奶油馅备用。

6. 将C料中的淡奶油和牛奶混合加热至即将沸腾关火。黑巧克力切碎，隔水加热至融化，再加入奶油牛奶液，搅拌均匀成巧克力甘那许酱备用。

7. 将D料中的3种液体混合成咖啡酒糖液。

8. 开始组合蛋糕：将烤好的蛋糕片边角切整齐，再分切成大小均匀的4块，每一块都先刷一层咖啡酒糖液，再涂抹一层咖啡奶油馅，再涂抹一层巧克力甘那许酱，如此重复叠加即可。

9. 最后将E料中的黑巧克力切碎，隔水融化，再加入鲜奶油和黄油，搅拌均匀成巧克力淋面，慢慢淋在蛋糕的表面至平整，放冰箱冷藏10分钟以上。

10. 等蛋糕表面的巧克力定型后取出，用刀修去不平整的四边，再分切成块即可。

Cooking tips

- 在每层都刷上酒糖液可使蛋糕更湿润，同时有淡淡的咖啡酒香味。
- 用蘸了热水的刀修整四周，边角才会平整利落。

DECORATION CAKES

圣多诺泡芙蛋糕

●材料 INGREDIENTS

A. 派面团 >

低筋面粉——120克
黄油——60克
蛋液——35毫升
糖——20克
盐——适量

B. 泡芙 >

水——125毫升
盐——2克
黄油——50克
糖——3克
低筋面粉——75克
鸡蛋——2个（室温）

C. 夹馅 >

鲜奶油——300克
糖粉——30克
香草糖或香草香精——适量

D. 焦糖液 >

糖——150克
水——80毫升
柠檬汁——1毫升

· 参考分量：8寸蛋糕模1个
· 烘烤方法：190℃，上下火，中层，25分钟

●做法 STEPS

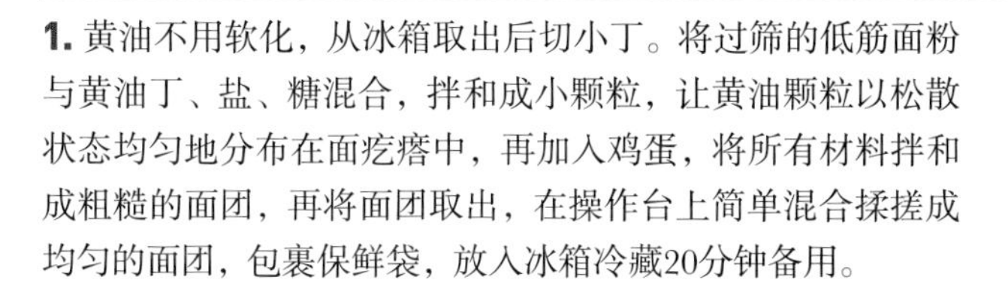

1. 黄油不用软化，从冰箱取出后切小丁。将过筛的低筋面粉与黄油丁、盐、糖混合，拌和成小颗粒，让黄油颗粒以松散状态均匀地分布在面疙瘩中，再加入鸡蛋，将所有材料拌和成粗糙的面团，再将面团取出，在操作台上简单混合揉搓成均匀的面团，包裹保鲜袋，放入冰箱冷藏20分钟备用。

2. 烤箱预热190℃，烤盘铺上不沾布。

3. 低筋面粉先过筛，混合B料中的水、盐、糖和黄油，放入小锅，中火加热后稍稍搅拌，使油均匀地分布在水的表面，中火烧至沸腾后改小火，倒入筛好的低筋面粉，用硬木勺快速搅拌锅内所有材料，搅拌成不沾的面团，等能看到锅底有一层黏膜后立即离火。

4. 离火后继续搅拌面团，使面团快速降温，搅拌至面团温热不烫手后（约60℃左右）将B料中打散的鸡蛋液一点点加入到面团中，每加一点鸡蛋就快速地用力搅拌均匀，直至面糊用木勺舀起，能够缓缓地滴落下来出现倒三角形即可。

5. 取出冷藏的派面团，在操作台上撒些干面粉防沾，然后将面团擀成大约0.4厘米厚的圆饼，用叉子均匀地扎孔透气，再用8寸圆蛋糕模底或慕斯圈将面饼裁成圆形的饼。

6. 将直径1厘米的圆形裱花嘴装入裱花袋，然后将步骤4的面糊倒入裱花袋，先在8寸的圆派皮上挤出一圈，再在圈内填满Z字型连贯泡芙面糊条。

7. 剩余的泡芙面糊在烤盘上挤出直径约3厘米的圆形小泡芙，并用叉子压一下，每个小泡芙之间要留有空隙，一盘烤不完可以分2～3次烤。

8. 烤盘放入烤箱的中层，设定190℃，上下火，烘烤约25分钟，烘烤快结束时的几分钟要注意观察，泡芙表面颜色金黄，同时水分完全蒸发完，看不到一点小泡泡冒出即可。

9. 出炉后将泡芙放凉。将D料放入小锅，熬成琥珀色的焦糖液。将小泡芙一面蘸些焦糖放在不沾油纸或不沾布上凝固，一面凝固后再蘸另一面，然后直接黏在派皮的周围。

10. 最后打发C料中的鲜奶油和糖。鲜奶油从冷藏室取出，倒入容器，加入糖和香草精，用电动打蛋器搅打至体积膨胀、质地浓稠，且随着打蛋头出现清晰不容易消失的花纹即可。

11. 将一少部分鲜奶油涂抹在泡芙派的底部，剩余的奶油可以装入事先套好裱花嘴的裱花袋中，挤在泡芙派的表面做装饰。

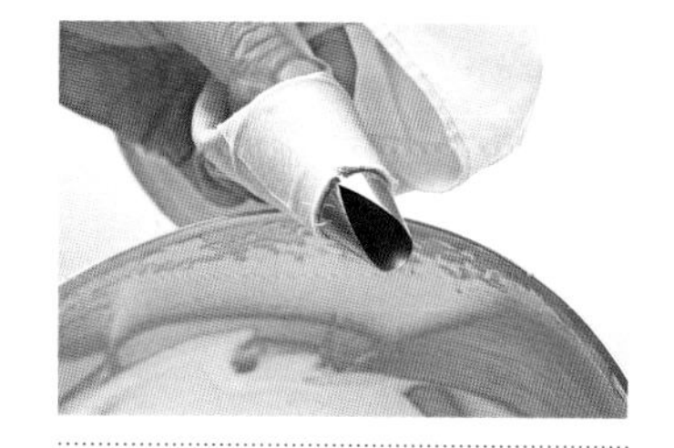

此款裱花嘴形状称为圣安娜花嘴，也可用普通的小号6～10齿的圆形花嘴替代。

DECORATION CAKES

落叶巧克力蛋糕

●材料 INGREDIENTS

蛋糕面糊 >
巧克力——80克
黄油——60克
糖——80克
鸡蛋——3个
核桃碎——20克
低筋面粉——40克

夹馅 >
杏桃果酱——50克
咖啡酒——5毫升

蛋糕装饰 >
打发鲜奶油——120克（用于抹平蛋糕）
巧克力——100克
鲜奶油——100克（用于淋面）
巧克力树叶——适量

· 参考分量：6寸蛋糕模1个
· 烘烤方法：175℃，上下火，中下层，约50分钟

●做法 PRACTICE

1. 参照第25页巧克力树叶装饰的做法，制作多片巧克力树叶。

2. 烤箱预热175℃，核桃切碎备用。

3. 巧克力切小块，隔水融化，再加入切小块的黄油一同融化，稍稍降温备用。

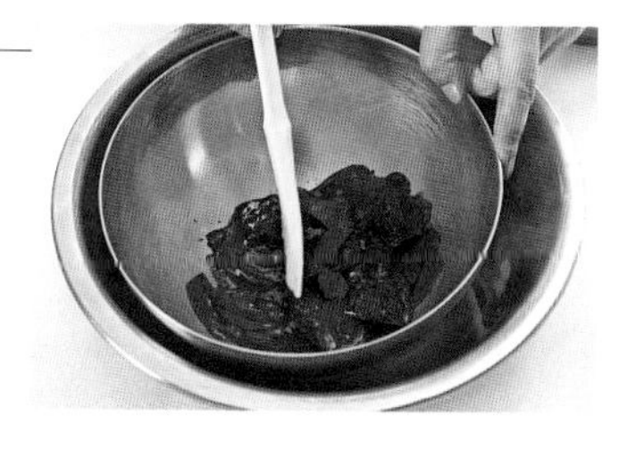

4. 鸡蛋和糖混合打发至蛋液发白、浓稠，提起打蛋头可以在蛋糊表面画出8字并且能坚持10秒不消失即可。需要注意的是，不要使用冰箱里的鸡蛋，要用常温的，室内温度低时最好能在搅打时隔着热水盆，帮助快速达到状态。

5. 将融化的巧克力和黄油加入蛋糊中搅拌均匀，再筛入低筋面粉，倒入核桃碎，拌匀倒入模具中。

6. 将模具放入烤箱中下层烘烤约50分钟，取出脱模放凉后横切成3片，修平整，逐层重叠，并涂抹咖啡酒和杏桃果酱。

7. 最后将打发的鲜奶油涂抹在整个蛋糕的顶部和四周，抹平。

8. 将淋面用的鲜奶油煮沸后立即离火，加入切碎的巧克力，不断搅拌至巧克力融化，温度晾至40℃左右时慢慢淋在蛋糕表面至平整。

9. 蛋糕表面的巧克力凝固后，在表面码放巧克力叶子即可。

Cooking tips

●淋巧克力要想事后收拾方便，最好将蛋糕放在架子上，架子下面垫张不沾油纸，这样多余的巧克力带着不沾油纸直接放入冰箱就能凝固，并且可以从不沾油纸上剥离，方便收起再次使用。

DECORATION CAKES

缎带奶油水果蛋糕

●材料 INGREDIENTS

蛋黄——3个
糖——70克
水——60毫升
色拉油——40毫升
低筋面粉——80克
蛋白——4个
玉米粉——3克
食用色素——适量
猕猴桃——1个
草莓——5个
黄桃——100克
打发鲜奶油——180克
彩色糖果——适量

· 参考分量：6寸慕斯圈1个
· 烘烤方法：170℃，上下火，中上层，约14分钟

●做法 STEPS

1. 将蛋黄和30克糖混合搅打发白，分3次加入水搅拌均匀，再分2次加入色拉油搅拌均匀，筛入低筋面粉和玉米粉制成面糊，舀出大约3大勺面糊，分别盛入3个小碗中，加入3种食用色素调成彩色面糊，备用。

2. 烤箱预热170℃，烤盘铺上不沾油纸备用。

3. 蛋白分2次加入40克糖，搅打至八分发泡，然后舀出3大勺，分3份加入彩色面糊中搅拌均匀，装入裱花袋，不用装花嘴，直接剪0.5厘米宽的口，在一半的烤盘纸上挤出彩色的圆点点。

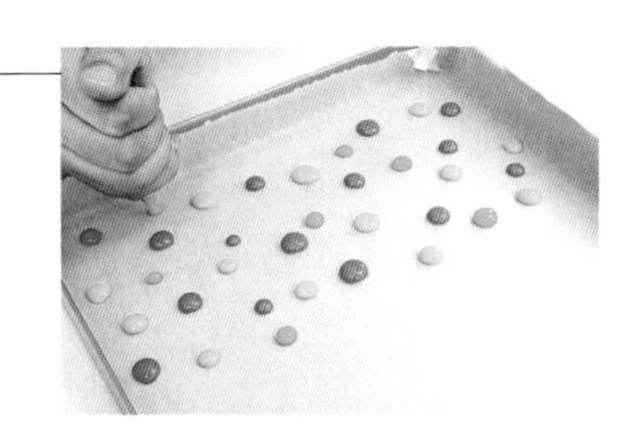

4. 马上将彩色面糊放入170℃的烤箱，中上层，上下火烘烤20秒，取出。

5. 剩余的蛋白再搅打至九分发泡，与剩余的蛋黄面糊混合均匀，倒入盛有已定型的彩色点的烤盘中，涂抹或轻轻地磕平整，放入170℃的烤箱，上下火，中上层，烤14分钟左右。

6. 将烤好的蛋糕片趁热揭去烤盘纸，放在烤网上晾凉，然后将有图案的部分裁切成围边，没图案的部分用6寸圆慕斯圈压模成2片，其中一片可以用剪刀再裁小一圈。

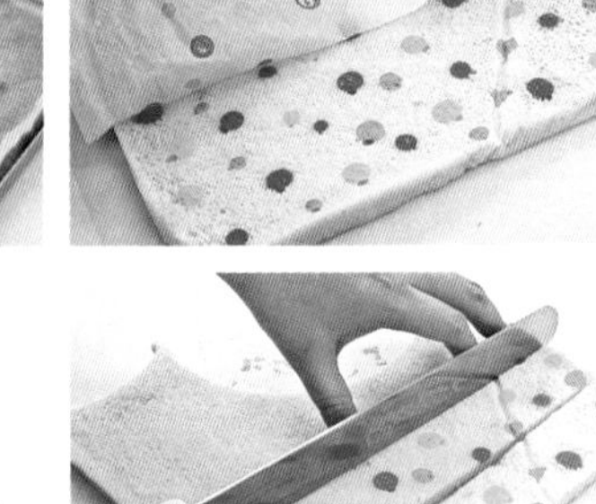

7. 将围边围入模具，底部垫一片蛋糕片，撒上水果粒，抹一层奶油，再垫一层小一圈的蛋糕片，撒上水果粒，抹上奶油，涂抹平整，表面挤装饰奶油并用彩色糖果（水果）装饰即可。

Cooking tips

●蛋白第一次不要打硬，因为调彩色面糊并且定型需要几分钟时间，等最后混合面糊之前再搅打几下能达到最好效果。蛋白不用时需放在冰箱冷藏。

DECORATION CAKES

圣诞雪人装饰蛋糕

●材料 INGREDIENTS

蛋黄——4个
糖——70克
盐——适量
色拉油——45毫升
牛奶——50毫升
低筋面粉——80克
泡打粉——1/4小勺
蛋白——4个
柠檬汁——3～5滴
罐头樱桃——适量

蛋糕装饰 >
打发动物鲜奶油——350克
巧克力装饰卷——适量
装饰片——适量
草莓——2个

· 参考分量：8寸蛋糕模1个
· 烘烤方法：150℃，上下火，中下层，约65分钟

●做法 STEPS

1. 烤箱预热150℃。

2. 将蛋黄和20克糖混合，用电动打蛋器搅打，打至糖溶化、蛋黄颜色变浅，加入盐，搅拌均匀，分2次加入色拉油，每加一次都要搅拌均匀，牛奶分3次加入蛋黄中拌匀。低筋面粉和泡打粉混合筛入打好的蛋黄中，用橡皮刮刀搅拌均匀，成面糊。

3. 蛋白加入柠檬汁后用电动打蛋器搅打，分3次加入50克糖，直至打发到干性发泡。

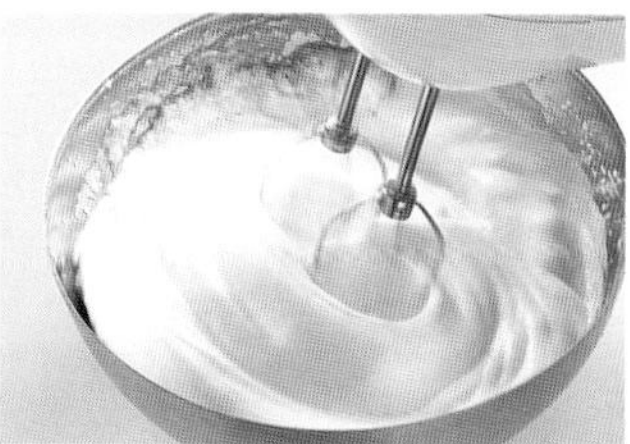

4. 将1/2的蛋白倒入蛋黄面糊中，用刮刀翻拌均匀，再继续分两次将剩余的蛋白拌匀，将面糊倒入模具，轻磕几下，排出气泡。

5. 放入烤箱中下层，150℃，上下火，烤65分钟左右，烤完用手轻轻拍打蛋糕表面，没有沙沙的声音即可。取出立刻倒扣在烤网上，放凉。

6. 将放凉的蛋糕周边用小刀轻轻刮开一圈，然后将活动蛋糕模具底连同蛋糕一同取出。用小刀将蛋糕和模具底刮开。（此步骤不用小刀用手拨开也可以，注意动作轻一点逐渐剥离即可）

7. 用带锯齿的刀将蛋糕横切成两片；把顶部的那片蛋糕放在下面，涂抹一层鲜奶油，再放些罐头樱桃颗粒，盖上另外一片蛋糕片（平整的底面朝上），然后抹平奶油。

8. 将尽量多的奶油堆满蛋糕的顶部，一边转动转台一边横拿抹刀从中间开始，左右方向把奶油向四周推平，铺满整个蛋糕顶面后能够顺势堆向四周的侧面。

9. 将抹刀竖起，刀的边缘轻轻贴住侧面跟奶油表面呈30° 角，然后一手转动转台。如果奶油没有变平整是因为刀没有贴住奶油或是贴的力量太小了；如果刮下很多奶油说明贴得太紧了。

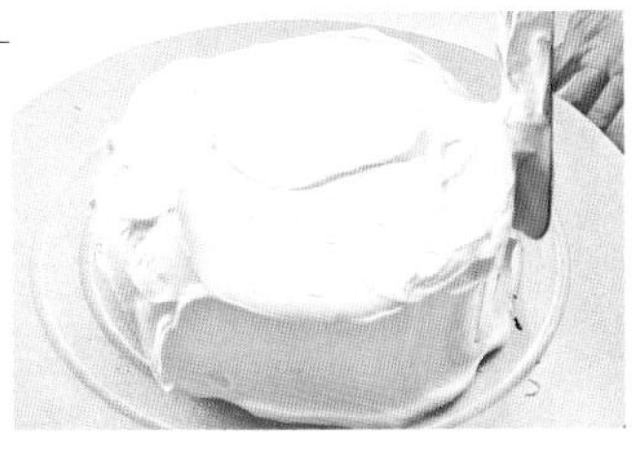

10. 侧面抹平整后，再修整顶面，刀仍然横着拿，刀的一个边是贴着蛋糕的，另一个边朝自己的方向翘起，呈30° 的夹角，由外向内划过整个蛋糕的表面，刮平顶部。再接下来可以重复顶部和侧面的抹平，直至平整。

11. 将抹平整的蛋糕用抹平刀从奶油底部托起，小心移放在盘子或是蛋糕纸盒上。

12. 裱花袋内装入1厘米直径的圆形裱花嘴和适量奶油，在蛋糕外圈挤一圈直径约4厘米的球形，注意挤的时候裱花嘴要边挤边抬高，使挤出的奶油自然的向外发散成球形，且一层比一层小。最后架上巧克力棒做成圣诞树。

13. 草莓从中间横剖，将下半部分放在圣诞树前，挤上奶油，放上草莓尖，在草莓尖下缘小心地用奶油挤上花边，再在奶油球上做上眼、鼻、嘴，可爱的圣诞雪人就做好了。

14. 最后在蛋糕上贴上装饰片，用以遮盖移放蛋糕时的不整齐的边缘。

Cooking tips

●这款蛋糕用的是植物性鲜奶油做裱花，所以质地更细腻，状态也更稳定，比较适合做一些复杂造型的装饰。

奶油玫瑰装饰蛋糕

DECORATION CAKES

奶油玫瑰装饰蛋糕

CAKE BISCUIT

●材料 INGREDIENTS

蛋黄——3个
糖——45克
盐——适量
色拉油——30毫升
牛奶——35毫升
低筋面粉——55克
泡打粉——1/4小勺
红曲米粉——5克
蛋白——3个
柠檬汁——2~3滴

蛋糕装饰 >

打发动物鲜奶油——300克

· 参考分量：6寸蛋糕模1个
· 烘烤方法：150℃，上下火，中下层，约60分钟

●做法 STEPS

1. 烤箱预热150℃。

2. 将蛋黄和10克糖混合，用电动打蛋器搅打，打至糖溶化、蛋黄颜色变浅，加入盐，搅拌均匀，分2次加入色拉油，每加一次都要搅拌均匀，牛奶分3次加入蛋黄中拌匀，再混合筛入低筋面粉、泡打粉和红曲米粉，用橡皮刮刀搅拌均匀制成面糊。

3. 蛋白加入柠檬汁后用电动打蛋器搅打，分3次加入35克糖，直至打发到干性发泡。

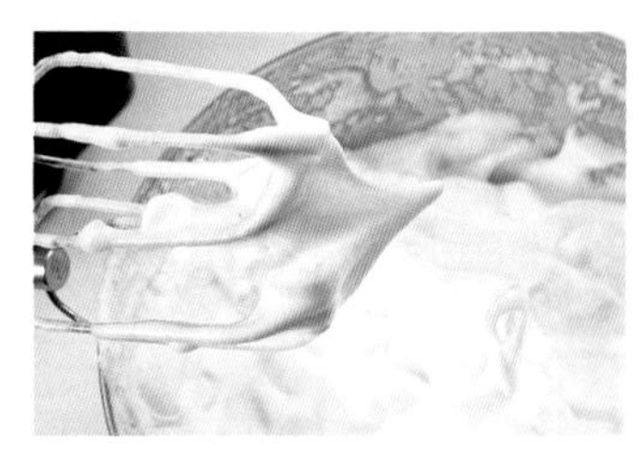

4. 将1/2的蛋白倒入蛋黄面糊中，用刮刀翻拌均匀，再继续分两次将剩余的蛋白拌匀，将面糊倒入模具，轻磕几下，排出气泡。

5. 放入烤箱中下层，设定150℃，上下火，烤约60分钟，待烤完用手轻轻拍打蛋糕表面，没有沙沙声即可。取出立刻倒扣在烤网上放凉。

6. 将放凉的蛋糕周边用小刀轻轻刮开一圈，然后将活动蛋糕底连同蛋糕一同取出，用手将蛋糕和模具底分开即可。

7. 将蛋糕倒扣放在转台上，顶部堆些奶油，只需将蛋糕的表面和四周薄薄抹上一层即可，也无须很平整。（这层奶油只是为了能沾上下一步挤上的简易玫瑰花）

8. 将大号的8齿花形花嘴装入裱花袋，再装入剩余的奶油，在蛋糕的侧面和表面挤满旋转一圈的花形，注意花朵挨得紧密才好看。

DECORATION CAKES

奶油草莓装饰蛋糕

●材料 INGREDIENTS

蛋黄——4个
糖——55克
盐——适量
色拉油——45毫升
牛奶——50毫升
低筋面粉——72克
泡打粉——1/4小勺
可可粉——8克
蛋白——4个
柠檬汁——2~3滴

蛋糕装饰 >
打发植物性鲜奶油——300克
草莓——12个左右
黑巧克力碎——适量
椰丝——适量

· 参考分量：8寸蛋糕模1个
· 烘烤方法：150℃，上下火，中下层，约65分钟

●做法 STEPS

1. 烤箱预热150℃。

2. 蛋黄和20克糖混合，用电动打蛋器搅打至糖溶化、蛋黄颜色变浅，加入盐，搅拌均匀。再分两次加入色拉油，每加一次都要搅拌均匀，牛奶分3次加入蛋黄中拌匀。将低筋面粉、泡打粉和可可粉混合筛入蛋黄中，用橡皮刮刀搅拌均匀成面糊。

3. 蛋白加入柠檬汁后用电动打蛋器搅打，期间分3次加入35克糖，直至打发到干性发泡。

4. 将1/2的打发好的蛋白倒入蛋黄面糊中，用刮刀翻拌均匀，再继续分两次将剩余的蛋白拌匀，将面糊倒入模具，轻磕几下，排出气泡。

5. 放入烤箱中下层，设定150℃，上下火，烤65分钟左右，烤完用手轻轻拍打蛋糕表面，没有沙沙的声音即可。取出立刻倒扣在烤网上放凉。

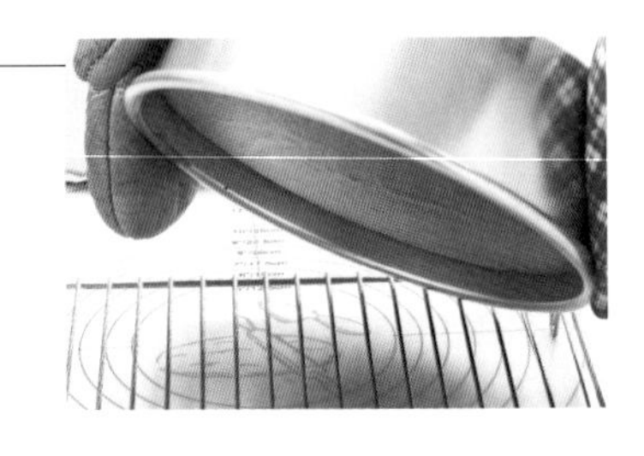

6. 将放凉的蛋糕周边用小刀轻轻刮开一圈，然后将活动蛋糕底连同蛋糕一同取出，用小刀将蛋糕和模具底刮开。

7. 抹平奶油的具体方法请参照第121页。

8. 将蛋糕移到盘子上，在蛋糕顶部沿最外圈挤一圈奶油球，然后在奶油球圈内码放一圈草莓，在草莓圈内撒上黑巧克力碎，用勺子围着蛋糕四周撒一圈椰丝，最后在黑巧克力碎上筛一层糖粉即可。

Cooking tips

●动物性的鲜奶油很不稳定，植物性的鲜奶油营养性又较差，可以采取折中的办法——以1：1的比例将动物性奶油和植物性鲜奶油混合搅打，用于蛋糕装饰。

树根巧克力蛋糕卷

●材料 INGREDIENTS

A. 巧克力黄油酱 >
蛋黄——2个
糖——30克
牛奶——90毫升
巧克力——50克
黄油——100克

B. 蛋糕片 >
鸡蛋——190克
蜂蜜——15克
糖——60克
低筋面粉——60克
可可粉——10克
牛奶——10毫升
黄油——20克

C. 蛋糕卷馅 >
奶油奶酪——120克
糖——25克
朗姆酒——5毫升

D. 蛋糕装饰 >
巧克力黄油酱——适量
卡通糖果和坚果——适量

- 参考分量：28厘米×32厘米烤盘1个
- 烘烤方法：190℃，上下火，中上层，约11分钟

●做法 STEPS

1. 将A料中的牛奶加热煮至沸腾，同时将蛋黄和糖混合搅打，待牛奶煮沸后马上离火，稍晾10秒钟，慢慢倒入蛋黄中，同时快速搅打蛋黄防止蛋黄被烫熟。等完全搅拌均匀后再倒回锅里，继续小火加热，同时快速搅拌，至面糊开始变得像玉米粥一样浓稠的状态即可离火，放凉备用；将A料中的巧克力隔水融化成液体，将黄油搅打至顺滑柔软，慢慢加入温热的巧克力液中混合均匀，再将放凉的蛋黄酱慢慢倒入，搅打成巧克力黄油酱备用。

2. 烤箱预热190℃，烤盘垫不沾布或不沾油纸，备用。

3. 将B料中的鸡蛋液打散，打出大泡，然后加入蜂蜜和糖，打发至蛋液发白、浓稠，提起打蛋头可以在表面画出8字并且能坚持10秒不消失即可。鸡蛋要用常温的，室内温度低时最好能在搅打时隔着热水盆（热水盆的边缘要比打蛋盆小，打蛋盆是在热水盆的热气上方而不是热水里），帮助快速达到需要的状态。

4. 将B料中的黄油和牛奶一起用微波炉加热10秒种至融化。在蛋液表面均匀地筛入低筋面粉和可可粉，用橡皮刮刀轻柔并快速地翻拌均匀，最后在刮刀表面上倒入温热的黄油和牛奶，用橡皮刮刀翻拌均匀。

5. 将面糊倒入烤盘，抹平，放入预热好的190℃烤箱中层，上下火烤11分钟左右。

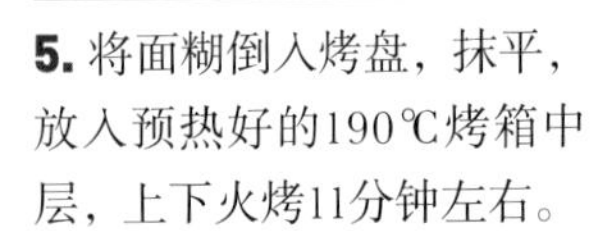

6. 将C料中的奶油奶酪和糖混合搅打至奶酪顺滑，再加入5毫升朗姆酒搅拌均匀，做成蛋糕卷馅。

7. 取出蛋糕盘，将蛋糕片连同烘焙纸一起放在网架上，等不烫时取下烘焙纸，蛋糕放凉后切去四边，再次把蛋糕铺在烘焙纸上，涂抹一层奶酪馅，开始从一侧将蛋糕卷起，卷的时候同时提起油纸一起用力，这样力量比较均匀，蛋糕不会被手指弄裂；卷好后用油纸包裹紧实，放入冰箱冷藏20分钟至定型。

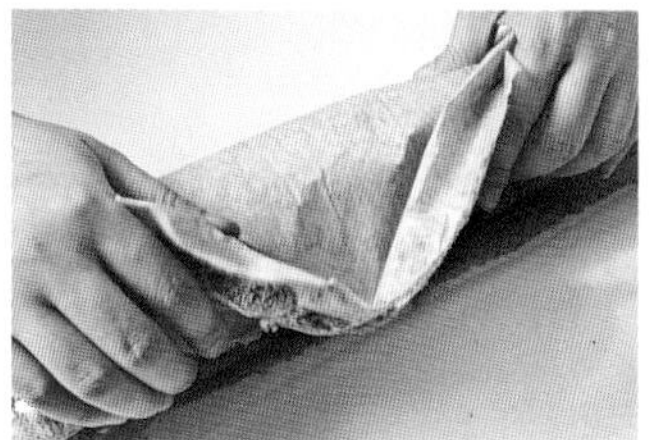

8. 将定型好的蛋糕卷取出，切去两头，再将整段斜切为大小两段，大的一段约占3/4作为树根的主干，在树干的周围涂抹一层做好的巧克力黄油酱，然后用叉子或刮板在表面划出类似树根的纹路，最后加上一些具有圣诞气氛的糖果或坚果作装饰即可。

Cooking tips

●巧克力黄油酱也可以稍微多做点，内馅和外部的装饰都可以使用。

DECORATION CAKES

小熊猫蛋糕卷

CAKE BISCUIT

●材料 INGREDIENTS

蛋糕卷面糊 >

蛋黄——3个
糖——70克
水——50毫升
色拉油——40毫升
低筋面粉——80克
抹茶粉——1大勺
绿色食用色素——1滴
棕色色素——1滴（或可可粉1/4小勺）
蛋白——4个
玉米淀粉——2克

蛋糕卷馅 >

打发鲜奶油——150克
香蕉——1根

- 参考分量：28厘米×28厘米薄蛋糕卷盘1个
- 烘烤方法：180℃，上下火，中层，10分钟

●做法 STEPS

1. 把油纸裁切成蛋糕盘大小，用铅笔画上小熊猫的图案，然后将纸翻过来垫在烤盘上，这样画的图案就可以透过来并且不会沾到面糊。

2. 蛋黄和30克糖混合，搅打均匀至糖溶化，蛋黄颜色变浅，然后分两次加入色拉油和水搅拌均匀（先加水或是先加色拉油都可以），最后将低筋面粉筛入液体中翻拌均匀做成面糊。

3. 烤箱预热180℃。

4. 在一个蛋白里面放入5克糖和2克的玉米淀粉，打发至八分发泡。

5. 将步骤2的面糊盛出一大勺（10～15克），放入棕色素或可可粉，搅拌均匀成棕色面糊，再拌入一大勺打发好的蛋白，搅拌均匀，将棕色面糊装入裱花袋，在烤盘纸上按照图案将熊猫的眼睛、耳朵和嘴的位置点成棕色，然后马上将烤盘放入预热好的烤箱中层，烤10秒定型立即取出。

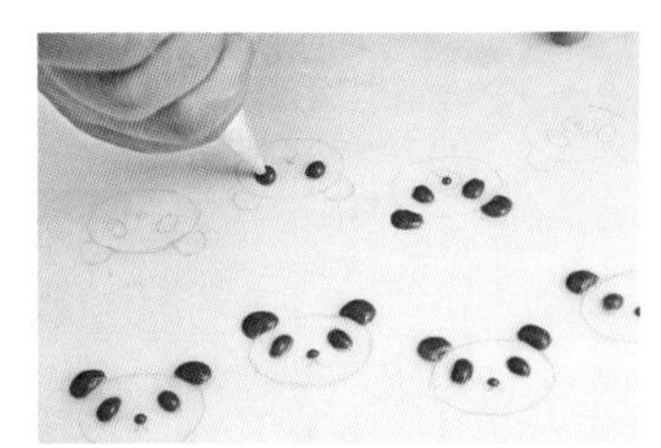

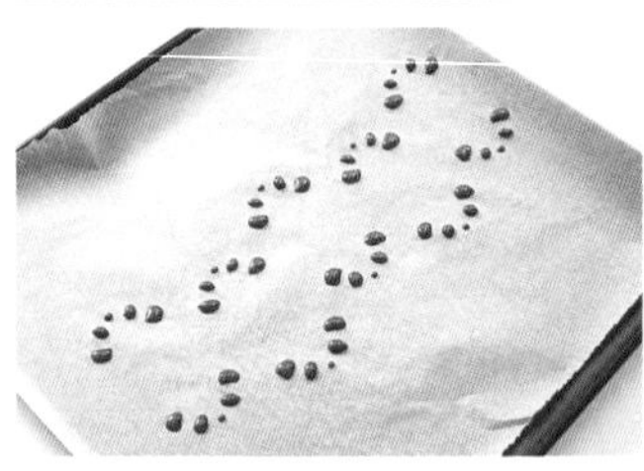

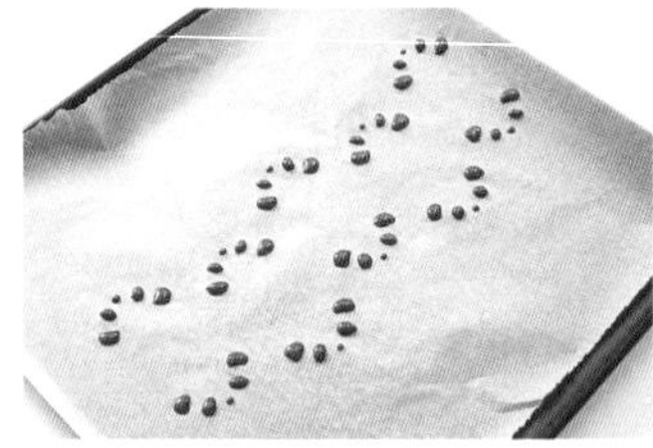

6. 再盛出来两大勺步骤2的面糊（相当于25～30克）放入小碗，加入两大勺打发好的蛋白，搅拌均匀成黄色面糊，装入裱花袋，在烤盘纸上按照图案将熊猫的脸部涂满，马上放入烤箱中层，烤15秒定型立即取出。

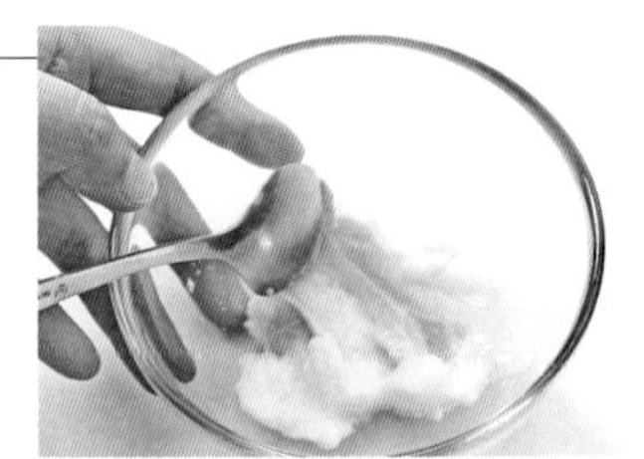

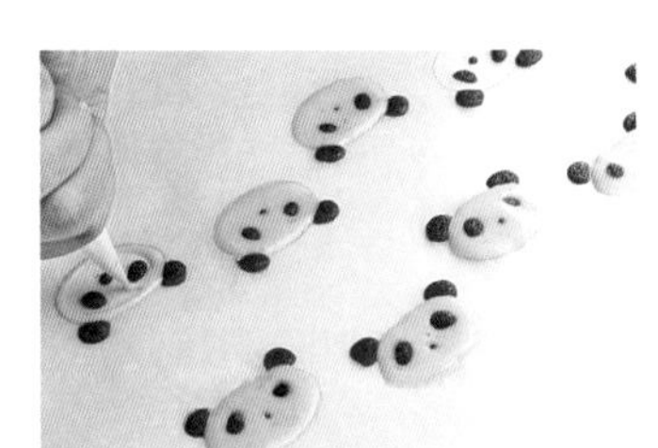

7. 在剩下的大部分蛋黄面糊中加入抹茶粉和1滴绿色食用色素，搅拌均匀成绿色面糊；打发3个蛋白和35克糖至八分发泡状态，跟绿色抹茶面糊混合均匀，倒入已经定型熊猫图案的烤盘纸上，涂抹平整后轻轻磕两下，放入烤箱中层，上下火，烤约10分钟至表面不黏手即可取出。

8. 取出晾凉至蛋糕表面比较干燥时，将蛋糕片连纸一起反扣在另外一张油纸上。轻轻地将顶部的油纸揭下来，小熊猫的图案就一目了然了。凉至跟手温差不多的温度，再盖一层油纸，将蛋糕翻过来，揭开没图案一面的油纸，在上面涂抹一层打发好的鲜奶油。根据喜好加入香蕉段。将蛋糕片从一端轻轻卷起，卷的时候也同时提起油纸一起用力，这样力量比较均匀，不会把蛋糕卷弄裂。卷好后用油纸包裹紧实，放入冰箱冷藏20分钟至定型，切片即可。

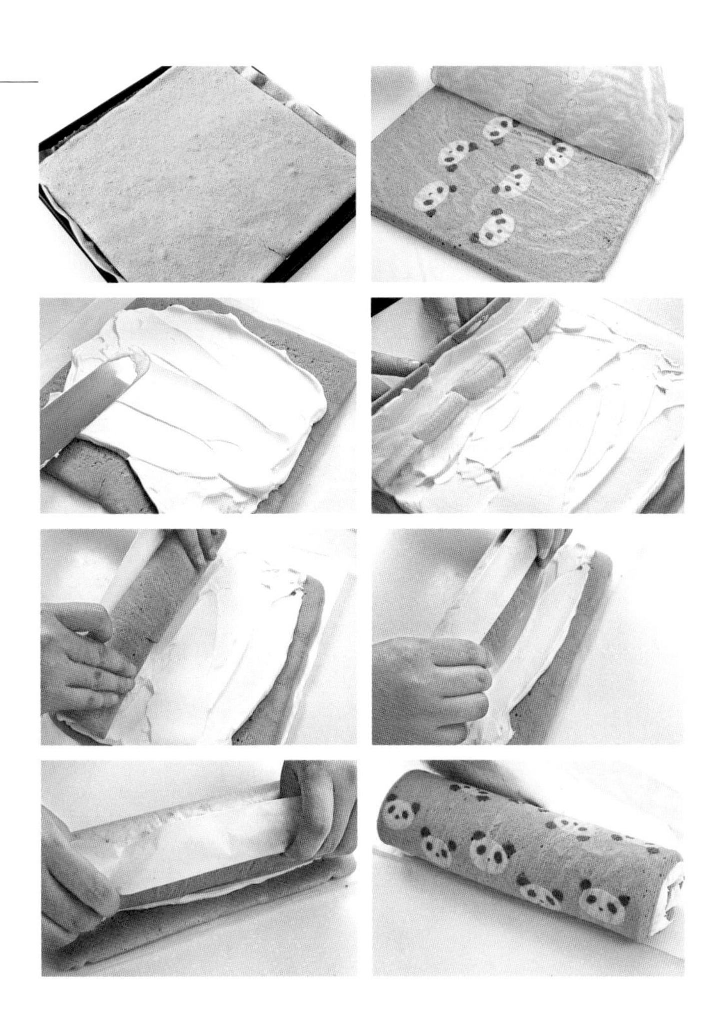

Cooking tips

●这款蛋糕卷需要分两次打发蛋白，不管是棕色、原色或是绿色的面糊，都需要加入蛋白，而且用面糊画熊猫需要些时间。最后跟大部分面糊混合的3个蛋白，如果打发得过早会粗糙甚至瀬掉。

●除了小熊猫，很多图案可以提前在纸上画好，但不等于可以画特别复杂的图案，因为复杂或是颜色多的图案太费时间，反复定型会让图案部分变硬，最后成型时很容易裂开。

Mousse Cake

Part 4

极致浪漫的慕斯蛋糕

在烘培世界中，慕斯蛋糕是最令人惊艳的冷点。
轻轻地咬一口，凉凉的固体在嘴里倏地变成又香又甜的汁水，
如同游戏一般让人无法拒绝。

MOUSSE CAKES

草莓提拉米苏

CAKE BISCUIT

●材料 INGREDIENTS

A. 巧克力蛋糕片——2片

B. **咖啡酒糖液** >

咖啡酒——15毫升
糖浆——10毫升
浓咖啡——10毫升

C. **奶酪馅** >

吉利丁片——1片（约5克）
马斯卡彭奶酪——200克
糖——20克
蛋黄——1个
朗姆酒——5毫升

D. 鲜奶油—200克
糖——30克

蛋糕装饰 >

草莓——适量
可可粉——适量

· **参考分量：4寸圆形慕斯圈2个**

●做法 STEPS

1. 先做巧克力蛋糕片（参照第148页芒果慕斯做法）。用慕斯圈将饼干底裁切成模具大小，用于垫底备用。

2. 制作咖啡酒糖液：将B料混合在一起，搅拌均匀。

3. 将C料中的吉利丁片用凉水浸泡5～10分钟。马斯卡彭奶酪和糖混合，隔水加热，一边加热一般搅拌至糖溶化，再加入蛋黄搅拌均匀，最后加入泡软的吉利丁片，搅拌至融化即可从热水盆中取出，晾至室温，加入朗姆酒拌匀。

4. 搅打D料中的鲜奶油和糖，不需要打硬，浓稠且能流动即可，与马斯卡彭奶酪糊混合拌匀。

5. 将咖啡酒糖液刷在蛋糕片上，将草莓对半切开，挨着模具边缘码放整齐，然后倒入奶酪糊，放入冰箱冷藏2小时以上至完全凝固。

6. 取出完全凝固的蛋糕，表面均匀地筛上一层可可粉，再将四周用吹风机热风吹几秒（如果有更专业的瓦斯喷枪是最好的），最后装饰鲜果即可。

Cooking tips

●咖啡酒糖液可以增加咖啡和酒香味，在西点制作中被普遍使用，咖啡酒是一种咖啡利口酒，可以用朗姆酒替代，糖浆也可以用蜂蜜代替，浓咖啡选用浓缩咖啡是最好的，没有的话可以用速溶黑咖啡粉冲入极少的热水稀释。

黄桃酸奶冻芝士

MOUSSE CAKES

黄桃酸奶冻芝士

CAKE
BISCUIT

●材料 INGREDIENTS

A. 饼干底 >

消化饼干——85克
融化黄油——30克
牛奶——15毫升

B. 酸奶奶酪糊 >

吉利丁片——1片（约5克）
奶酪——80克
糖——40克
酸奶——250克
白兰地——5毫升
柠檬汁——5毫升
鲜奶油——150克
黄桃罐头——100克

C. 蛋糕装饰 >

可可粉——适量

· 参考分量：6寸异形慕斯圈1个

●做法 STEPS

1. 慕斯圈模具用锡纸包裹严实。将消化饼干擀碎，然后加入融化的黄油和牛奶搅拌均匀，倒入模具中，用勺子将饼干底压紧压平整，放入冰箱冷冻5分钟定型。

2. 将B料中的吉利丁片用凉水浸泡5～10分钟，然后将奶酪切成小块，加糖隔着热水搅打至柔软顺滑，加入泡软的吉利丁片，搅拌至吉利丁融化后从热水中取出，加入酸奶搅拌均匀，再加入白兰地和柠檬汁搅拌均匀。

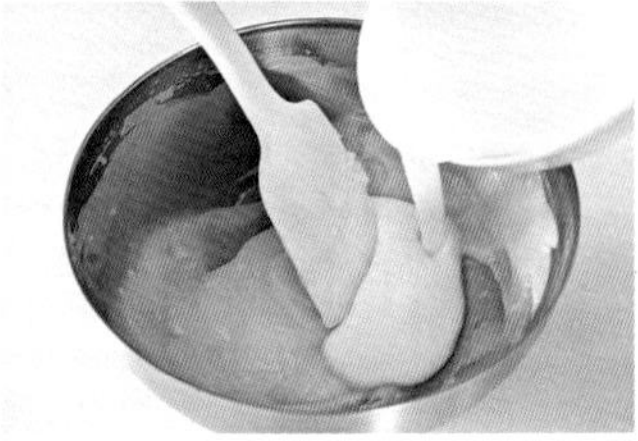

3. 搅打B料中的鲜奶油，搅至浓稠且能流动即可，与酸奶奶酪糊混合拌匀。

4. 将黄桃果肉切小块，均匀地撒入模具中，然后倒入搅拌好的酸奶奶酪糊，抹平整表面，放入冰箱冷藏2小时以上至完全凝固。

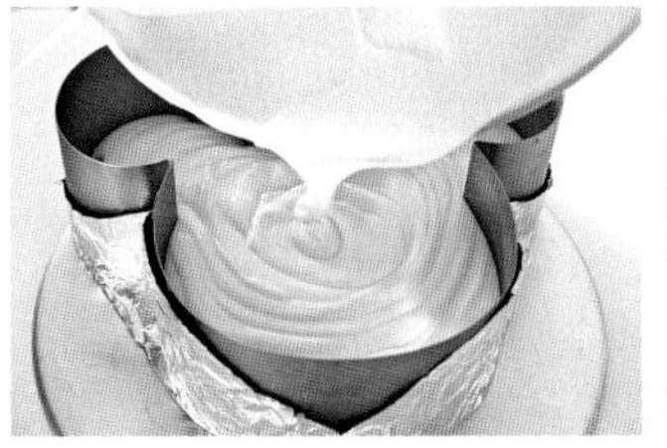

5. 从冰箱取出后，表面用模版遮挡，撒些可可粉装饰成米老鼠的脸部形状，脱模即可食用。

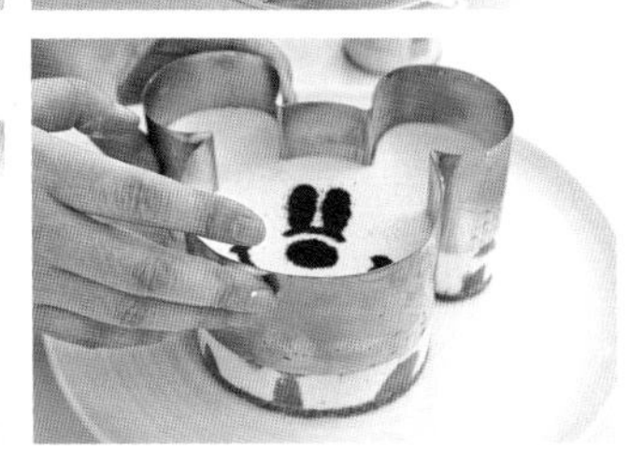

MOUSSE CAKES

香蕉栗子冻芝士

●材料 INGREDIENTS

A. 饼干底 >

奥利奥饼干——85克
融化黄油——30克
牛奶——15毫升

B. 蛋糕糊 >

奶酪——150克
糖——35克
栗子泥——50克
蛋黄——1个
吉利丁片——1片（约5克）
牛奶——60毫升
奥利奥饼干碎——5克
香蕉——1根

C. 蛋糕装饰 >

香蕉片——适量
薄荷叶——适量

·参考分量：5寸异形慕斯圈1个

Cooking tips

●水滴形慕斯圈相当于5寸圆形大小，可替换。香蕉也可以碾成泥，加入奶酪糊中。

●做法 STEPS

1. 慕斯圈模具用锡纸包裹严实。将奥利奥饼干擀碎，然后加入融化的黄油和牛奶搅拌均匀，倒入模具中，用勺子将饼干底压紧压平整，放入冰箱冷冻5分钟定型。

2. 将B料中的吉利丁片用凉水浸泡5～10分钟，然后将奶酪切成小块，加糖隔着热水搅打至柔软顺滑，加入蛋黄搅拌均匀，再加入泡软的吉利丁片搅拌至吉利丁融化，加入牛奶拌匀，最后放入饼干碎、栗子泥、香蕉块，略微搅拌即可。

3. 将搅拌好的奶酪糊倒入模具，表面再撒点饼干碎，放入冰箱冷藏2小时以上至完全凝固。

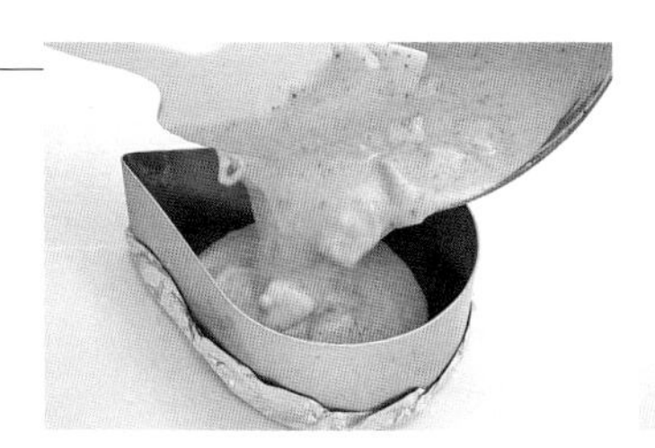

4. 从冰箱取出后，脱模，装饰香蕉片和薄荷叶即可。

MOUSSE CAKES

芒果慕斯蛋糕

●材料 INGREDIENTS

A. 巧克力蛋糕片 >

鸡蛋——3个
糖——90克
低筋面粉——75克
可可粉——15克
融化黄油——20克

B. 芒果慕斯 >

吉利丁片——1.5片（约7克）
芒果蓉——150克
糖——30克
鲜奶油——150克

C. 芒果冻 >

吉利丁1片——（5克）
水——45毫升
芒果蓉——50克
糖——10克

D. 蛋糕装饰 >

芒果——适量
树莓——适量
巧克力卷——适量

· 参考分量：6寸方形慕斯圈1个

●做法 STEPS

1. 烤箱预热190℃，烤盘垫不沾布或不沾油纸，备用。

2. 鸡蛋（常温）和糖混合打发至蛋液发白浓稠，提起打蛋头可以在表面画出8字且能坚持10秒不消失即可。将低筋面粉和可可粉筛入蛋液中，搅拌均匀，最后加入融化的黄油搅匀，倒入烤盘，涂抹平整，轻轻磕两下去除大气泡。放到烤箱的中上层，设定190℃，烤12分钟左右。将取出的蛋糕片倒扣在烤网上趁热撕下不沾布，放凉。

3. 将B料中的吉利丁片在凉水中浸泡10分钟。芒果蓉加糖加热至糖融化。泡软的吉利丁片加在芒果蓉液里搅融，晾至液体接近手的温度。

4. 将B料中的鲜奶油搅打至五分发泡状态，然后跟降温后的芒果蓉液混合，搅拌均匀。

5. 按慕斯圈大小切2片烤好的蛋糕片，取出一片垫在包有锡纸的模具底部，倒入一半芒果慕斯糊，中间再垫一片蛋糕，倒入剩下的一半芒果慕斯糊，冷冻至慕斯凝固结实。

6. 芒果果冻层：将C料中的吉利丁片用凉水泡软，将水、芒果蓉、糖加热至融化后，加入泡好的吉利丁片，搅拌均匀。

7. 将冻好的慕斯取出，表面淋上一层芒果冻，再放入冰箱，冷冻至表面凝固，用吹风机的热风将四周吹热，轻轻提起慕斯圈即可脱模。最后用切好的芒果、草莓和巧克力卷作装饰即可。

30-year undertaking
would build on the
critical
volume
of the
after
no sign of
the thieves,
hoping to g
had alarms

MOUSSE CAKES

甜杏夏洛特

●材料 INGREDIENTS

A. 手指饼干 >

蛋黄——2个
糖——40克
蛋白——2个
低筋面粉——60克
开心果碎——10克

B. 蛋奶酱 >

香草棒——1/3根
牛奶——150毫升
蛋黄——2个
糖——60克
朗姆酒——10毫升
吉利丁片——1.5片（约7克）
甜杏果肉——60克

C. 慕斯糊 >

鲜奶油——150克
柠檬汁——5毫升

D. 蛋糕装饰 >

甜杏罐头果肉——300克
甜杏罐头果汁——50毫升
糖——30克

· 参考分量：6寸圆形慕斯圈1个

●做法 STEPS

1. 烤箱预热190℃，烤盘垫不沾布或者不沾油纸，备用。

2. 将A料中的蛋黄和10克糖混合搅打至颜色发白，用电动打蛋器将蛋白和30克糖打发至硬性发泡，混合蛋黄和蛋白搅拌均匀，筛入低筋面粉快速拌匀。裱花袋装入一个1厘米直径的圆形花嘴，然后将面糊装入裱花袋，在烤盘上挤一个比模具底部略小的垫片，并做好慕斯周围的手指饼干围边，表面撒上开心果碎作装饰。挤好后马上放入烤箱中上层，设定190℃，上下火，烤10分钟左右至表面微黄。

3. 烤好放凉后，将饼干底和手指饼干围边如图码放入模具中，尽量让四周不留空隙。

4. 制作蛋奶酱需将B料中的香草棒纵向剖开，将香草籽刮出连同香草棒一起加入牛奶中，备用。吉利丁泡入冰水备用。蛋黄和糖放入容器，搅拌至蛋液颜色变浅且浓稠，同时将牛奶加热，小火煮沸后离火，然后慢慢倒入到蛋黄中，一边倒入一边快速搅拌。

5. 将蛋黄和牛奶液倒入锅中，小火加热，一边加热一边搅拌至牛奶蛋黄糊变成浓稠如粥状，关火。关火后也需要不断搅拌让其降温，降温过程中加入泡软的吉利丁片，搅至吉利丁片融化。最后加入朗姆酒，拌匀成蛋奶酱即可。

6. 搅打C料中的鲜奶油，至浓稠且能流动即可，加入柠檬汁拌匀，再加入降温后的蛋奶酱，搅拌均匀，成慕斯糊。

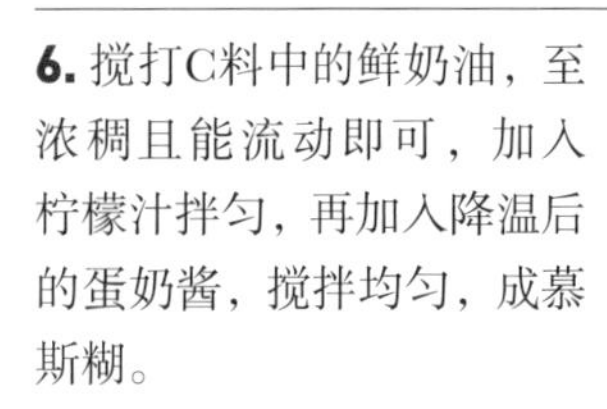

7. 将一部分的杏切成小丁加入慕斯糊。将慕斯糊倒入手指饼干夹心层，放入冰箱冷冻或者冷藏凝固。

8. 将剩余的杏肉放入小锅，加入30克糖和50毫升的罐头汁熬煮浓稠，放凉备用。等慕斯凝固后取出，表面码放上整齐的甜杏，再将模具脱出即可。

Cooking tips

●相传，18世纪的法国，乔治三世国王有一个长公主叫夏洛特。她非常推崇在国内种植各种水果，宫廷的甜品师用公主喜欢的各种水果研制了这样一种蛋糕——富含水果的冻制蛋糕。后来，这种蛋糕流传到民间，并用公主的名字命名。这也是一款非常传统的法式蛋糕。

●水果可以加按自己喜好加以替换，草莓、洋梨、樱桃、百香果、苹果等都可以做成此种款式。

MOUSSE CAKES

百香果慕斯蛋糕

●材料 INGREDIENTS

A. 巧克力蛋糕片——两片
百香果——12个

B. 慕斯馅 >
吉利丁片——2片（约10克）
牛奶——100毫升
糖——55克
蛋黄——1个
百香果泥——100克
鲜奶油——180克

C. 果冻层 >
吉利丁片——1片（约5克）
百香果泥——40克
水——50毫升
糖——15克

D. 蛋糕装饰 >
无花果——适量
树莓——适量
百香果——适量

• 参考分量：4寸圆形慕斯圈3个

●做法 STEPS

1. 制作巧克力蛋糕片（参照第148页芒果慕斯）。用慕斯圈将饼干底裁切成模具大小，用于垫底，备用。

2. 将百香果从中间切开，挖出带籽的果肉，倒入搅拌机中，再加入约30毫升水，搅打几秒钟，使果肉中的汤汁完全析出，过滤出果泥备用。

3. 将B料中的吉利丁片用凉水浸泡5～10分钟。牛奶和糖放入小锅煮沸，然后将蛋黄打散，加入百香果泥搅打均匀，再慢慢加入煮沸的牛奶搅拌均匀。

4. 搅打B料中的鲜奶油，不需要打硬，打至浓稠且还能流动即可，与百香果牛奶混合，搅拌均匀成慕斯糊。倒入垫了蛋糕片的慕斯模具中，放入冰箱冷冻或者冷藏至凝固。

5. 将C料中的吉利丁片用凉水浸泡5～10分钟。百香果泥、水和糖放入小锅加热至糖融化，加入泡软的吉利丁片搅拌至融化，晾至常温，将凝固好的慕斯取出，浇上一层果冻液，再次放入冰箱凝固。取出完全凝固的慕斯，将四周用吹风机热风吹几秒，脱出模具，装饰些鲜水果即可。

MOUSSE CAKES

榴莲慕斯蛋糕

CAKE BISCUIT

●材料 INGREDIENTS

A. 手指饼干——两片

B. **榴莲蛋奶酱** >
牛奶——150毫升
蛋黄——2个
糖——60克
吉利丁片——1.5片（约7克）
榴莲肉——150克

C. 鲜奶油——150克

D. **蛋糕装饰** >
玫瑰花——适量
翻糖小花——适量

· **参考分量：6寸花形慕斯圈1个**

●做法 STEPS

1. 制作手指饼干（参照第151页甜杏夏洛特的做法）。用慕斯圈将饼干底裁切两片，用于垫底和夹心。

2. 将B料中的吉利丁泡入冰水备用。蛋黄和糖放入容器，搅拌至蛋液颜色变浅且浓稠。同时，将牛奶加热，小火煮沸后离火，慢慢倒入蛋黄中，一边倒入一边快速搅拌。

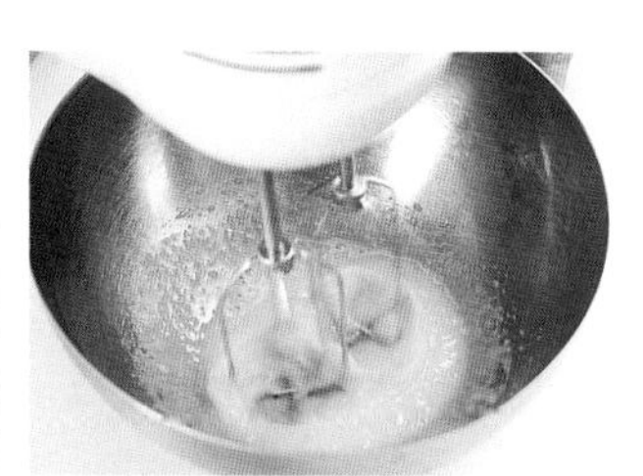

3. 将蛋黄和牛奶液倒入锅中，小火加热，一边加热一边搅拌至牛奶蛋黄糊变成浓稠如粥状，关火。关火后也需要不断搅拌让其降温，降温过程中加入泡软的吉利丁片，搅至吉利丁片融化。最后加入榴莲果肉搅拌均匀。

4. 搅打C料中的鲜奶油，不需要打硬，搅打至浓稠且还能流动即可，加入榴莲蛋奶酱，搅拌均匀，制成慕斯糊。

5. 将手指饼干片垫在慕斯圈底部，倒入慕斯糊至模具一半的高度，将手指饼干夹心层放入，再倒入剩下的一半，放入冰箱冷冻或者冷藏凝固。

6. 等慕斯凝固后取出，表面用玫瑰花瓣和翻糖小花略作装饰即可。

薄荷慕斯蛋糕

MOUSSE CAKES

薄荷慕斯蛋糕

●材料 INGREDIENTS

A. 抹茶蛋糕片 >

蛋黄——3个
糖——55克
色拉油——30毫升
牛奶——60毫升
低筋面粉——70克
抹茶粉——5克
蛋白——4个

B. 薄荷慕斯材料 >

牛奶——70毫升
糖——50克
薄荷膏——15克
蛋黄——1个
吉利丁片——1片（约5克）
薄荷酒——10毫升
鲜奶油——120克

C. 镜面果冻 >

薄荷叶——20克
水——150毫升
薄荷酒——15毫升
糖——15克
吉利丁片——1.5片（约7克）

· 参考分量：6寸长方形慕斯圈1个

●做法 STEPS

1. 烤箱预热180℃，烤盘垫不沾布或不沾油纸，备用。

2. 抹茶蛋糕片：将A料中的蛋黄加15克糖打发至浓稠、体积膨胀，分两次加入色拉油拌匀，再分两次加入牛奶拌匀，最后筛入低筋面粉和抹茶粉搅拌均匀。将A料中的蛋白分3次加入40克糖，打至发泡状态，与蛋黄面糊混合均匀，倒入烤盘，抹平后轻轻磕两下烤盘，振出气泡使表面更平整，放入预热好的烤箱，设定180℃，上下火，中上层，烤13～15分钟。

3. 烤好的蛋糕片放凉后，用慕斯圈刻出两片，当作蛋糕底和夹心备用。

4. 将B料中的牛奶和35克糖混合加热，糖溶化后关火，加入吉利丁片搅拌至融化，加入蛋黄拌匀。最后加入薄荷膏和薄荷酒，搅拌均匀成牛奶薄荷液，晾至40℃左右。

5. 鲜奶油和15克糖混合打至五分发，倒入牛奶薄荷液中混合均匀，成慕斯糊。

6. 将蛋糕片放入模具，然后倒入一半慕斯糊，再压上一片蛋糕片（可以放入冰箱冷冻上5分钟，这样蛋糕片就能凝固在慕斯糊了）。将剩余的慕斯糊倒入抹平，把煮过的薄荷枝叶铺在上面作装饰，放入冰箱冷藏定型。

7. 最后将C料中的薄荷叶和水混合加热至水的颜色变绿后离火，滤出90毫升左右的液体，加入吉利丁、糖和薄荷酒混合均匀，晾至40℃以下，等慕斯定型完成后轻轻地浇在定型的慕斯上，冷藏至凝固即可。

MOUSSE CAKES

黑白巧克力慕斯

●材料 INGREDIENTS

A. 巧克力蛋糕片 >

黑巧克力——80克
鲜奶油——45克
蛋白——4个
糖——90克
低筋面粉——45克

B. 黑巧慕斯糊 >

吉利丁片——1片（约5克）
牛奶——110毫升
糖——25
黑巧克力——120克
蛋黄——1个
橙味酒——10毫升

C. 鲜奶油——400克

D. 白巧慕斯糊 >

吉利丁片——1片（约5克）
牛奶——110毫升
蛋黄——1个
糖——25克
白巧克力——100克
白朗姆酒——10毫升

E. 蛋糕装饰 >

巧克力——100克
可可粉——10克

· 参考分量：6寸长方形活底模2个

●做法 STEPS

1. 烤箱预热180℃，烤盘垫不沾布或不沾油纸，备用。

2. 将A料中的鲜奶油加热至即将沸腾时马上离火，加入切碎的黑巧克力，搅拌均匀至巧克力完全融化。搅打蛋白，分3次加入糖，打至硬性发泡状态，然后慢慢加入融化的巧克力，筛入低筋面粉，搅拌均匀成面糊，倒入烤盘，简单抹平后轻轻磕两下烤盘，震出大气泡使之更平整，放入预热好的烤箱，设定180℃，上下火，中上层，烤13～15分钟。

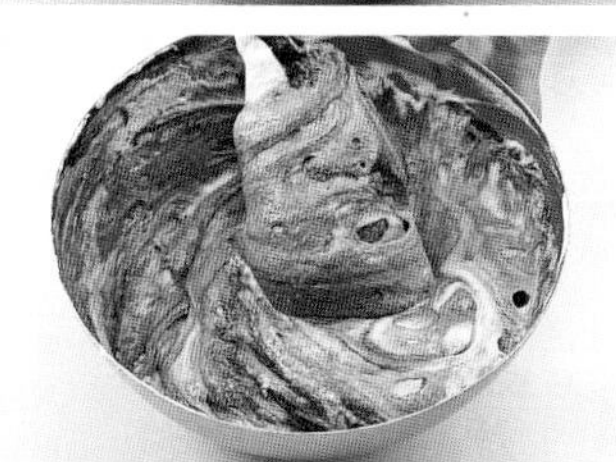

3. 烤好的蛋糕片放凉后，用模具刻成需要大小当作垫底，备用。

4. 将B料中的吉利丁片用冷水浸泡5～10分钟，备用。将牛奶、糖混合加热，即将沸腾时马上关火，加入切碎的黑巧克力搅拌至融化，加入泡软的吉利丁片也搅拌至融化，最后加入蛋黄拌匀。

5. 将C料中的400克鲜奶油搅打至五分发，然后将一半的鲜奶油跟黑巧克力液体混合，再加入橙味酒拌匀成黑巧慕斯糊，倒入垫了蛋糕片的模具里，倒入一半的高度，将模具放入冰箱冷冻10分钟。

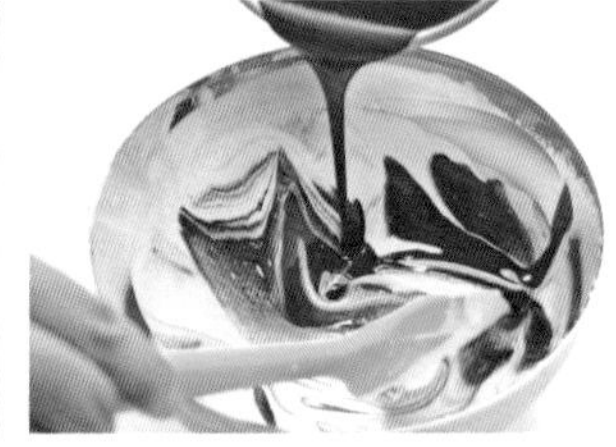

6. 制作白巧克力慕斯：将D料中的吉利丁片在冰水中浸泡5～10分钟，将牛奶、糖混合加热，即将沸腾时马上关火，加入切碎的白巧克力搅拌至融化，然后加入泡软的吉利丁片，搅拌至融化，最后加入蛋黄拌匀。

7. 将C料剩余的一半打到五分发泡的鲜奶油跟白巧克力糊混合，再加入朗姆酒拌匀，倒入已经定型了10分钟的模具里，倒满后入冰箱冷冻1小时以上至完全凝固。

8. 取出凝固的慕斯，四周用吹风机热风吹一会儿（或者用热毛巾敷一下），就能将蛋糕底部轻轻地推出模具了，表面装饰些巧克力片和可可粉即可。

Cooking tips

- 模具的形状可以根据自己的喜好加以变换。
- 慕斯用的鲜奶油只要打发至浓稠即可，不需要打至湿性发泡状态。

MOUSSE CAKES

巧克力树莓慕斯蛋糕

●材料 INGREDIENTS

A. 巧克力蛋糕片——1片

B. **树莓奶油糊** >
树莓果泥——150克
糖——40克
吉利丁片——1.5片（约7克）
鲜奶油——150克
朗姆酒——5毫升

C. **白巧克力奶油糊** >
鲜奶油——220克
牛奶——30毫升
白巧克力——110克
无盐黄油——50克
糖——20克

D. **树莓果冻** >
树莓果泥——50克
糖——10克
水——60毫升
吉利丁片——1片（约5克）

E. **蛋糕装饰** >
鲜奶油——适量
鲜树莓或者红樱桃——适量
白巧克力碎——适量

· 参考分量：6寸心形慕斯圈1个

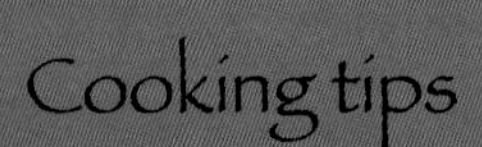

Cooking tips

●果冻层也可以不做，直接用水果装饰即可。果冻层可以使慕斯的颜色更鲜艳光亮。

●做法 STEPS

1. 烤好巧克力蛋糕片（做法参照第98页芒果慕斯）裁切成模具大小，垫在模具底部备用。

2. 将B料中的吉利丁片用冰水泡5～10分钟。树莓果泥加糖搅拌均匀，小火加热至温热，然后加入泡软的吉利丁片，搅拌均匀，放凉备用。

3. 将B料中鲜奶油搅打至五分发泡状态，与降温后的树莓酱混合后加入朗姆酒搅匀，将树莓奶油糊倒入铺有蛋糕片的模具中，倒入一半高度，磕平表面，冷冻凝固10分钟。

4. 将C料中的牛奶和60克鲜奶油煮沸，然后放入切碎的白巧克力和糖，拌至白巧克力融化。将无盐黄油切小块，放入巧克力中，搅拌均匀，放凉至常温。

5. 取160克鲜奶油搅打至浓稠，与放凉的巧克力溶液混合均匀，取出模具，将巧克力奶油糊轻轻倒入表面已经凝固的树莓慕斯上，再轻轻地磕平表面，继续放冰箱凝固。

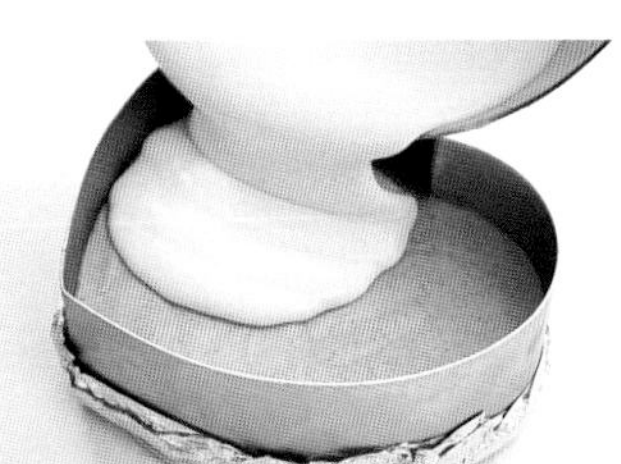

6. 将D料中的吉利丁片泡软。将果泥、糖和水放火上加热，糖融化后即可关火，加入吉利丁片搅拌至融化，晾至室温。等冰箱内的慕斯完全凝固后取出，轻轻地把树莓果冻液浇到慕斯表面，再冷冻10分钟至表面凝固。

7. 取出，装饰上鲜奶油花边，中间摆放上红色果粒和白色巧克力碎即可。

Cupcakes

Part 5

小巧可爱的杯子蛋糕

有人说杯子蛋糕是世界上最可爱的糕点。

每一个杯子蛋糕都有着自己的世界和自己的故事，当许许多多的杯子蛋糕聚集在一起，就会创造出超越任何甜点的快乐气场。

CUPCAKES

香橙杯子蛋糕

●材料 INGREDIENTS

A. 香橙酱 >

黄油——70克
糖——70克
鸡蛋——80克
香橙香精——5毫升
糖渍橙皮丁——30克

B. 香橙面糊 >

低筋面粉——110克
泡打粉——2克
盐——1克
牛奶——30毫升

C. 奶酪糖霜 >

奶油奶酪——120克
糖粉——35克
橙味香精——1毫升
打发鲜奶油——50克

D. 蛋糕装饰 >

糖渍橙片（做法参照第96页香橙磅蛋糕）

- 参考分量：8杯
- 烘烤方法：180℃，上下火，中层，25分钟左右

●做法 STEPS

1. 烤箱预热180℃，模具垫不沾油纸杯，备用。

2. 将黄油提前从冰箱取出恢复室温，切小块，与糖混合，用电动打蛋器搅打直到黄油蓬松发白。将鸡蛋打散，分5次倒入打好的黄油中，每加入一次鸡蛋都要搅打至完全被黄油吸收，最后加入橙味香精、糖渍橙皮丁搅拌均匀。

3. 将B料中的低筋面粉、泡打粉、盐混合筛入香橙酱中，再倒入牛奶，搅拌均匀成面糊。

4. 把香橙面糊均匀地挤在玛芬杯中，七八分满即可。

5. 将纸杯放入烤箱中层、上下火、设定180℃，烤约25分钟，用竹签插入蛋糕内部没有黏连湿面糊即可。

6. 将C料中的奶油奶酪在室温下软化，切小块，加入糖粉，隔水加热搅打至奶酪顺滑，取出容器，再稍稍放凉，跟打发的鲜奶油50克混合均匀，成奶酪糖霜。

7. 将蛋糕放凉，将奶酪糖霜挤在蛋糕的表面，顶部用糖渍橙片作装饰。

Cooking tips

●用裱花袋将面糊挤入纸杯是最好的方法，不仅可以均匀每杯的高度，而且填得很均匀，烤出后的蛋糕表面弧度比较自然。如果偷懒直接舀入纸杯，有可能每杯的高度不一致，表面也高低不平。

芒果杯子蛋糕

CUPCAKES

芒果杯子蛋糕

CAKE BISCUIT

●材料 INGREDIENTS

- 参考分量：10杯
- 烘烤方法：160℃，上下火，中层，约20分钟

A. 芒果面糊 >

鸡蛋——3个
糖——90克
蜂蜜——10克
低筋面粉——100克
融化黄油——25克
牛奶——35毫升

B. 芒果酱 >

芒果蓉——60克
水——30毫升
糖——15克
吉利丁片——1片（约5克）

C. 蛋糕装饰 >

芒果——100克
鲜奶油——120克

●做法 STEPS

1. 烤箱预热160℃，模具垫不沾油纸杯，备用。

2. 将A料中的鸡蛋和糖放入容器，打出大泡，然后加入蜂蜜继续打发至蛋液发白浓稠，提起打蛋头可以在表面画出8字且能坚持10秒不消失即可。

3. 筛入低筋面粉，翻拌均匀。将牛奶和融化的黄油混合，从刮刀上倒入面糊中，马上搅拌均匀。

4. 面糊倒入模具至八九分满，然后放入烤箱中层，上下火，以160℃烘烤约20分钟，至表面金黄。

5. 将B料中的吉利丁片用凉水浸泡5～10分钟。芒果蓉、水和糖放入小锅，小火加热至糖融化，关火后加入吉利丁片搅至融化，晾至常温，成芒果酱，装入裱花袋备用。

6. 蛋糕烤好放凉。将蛋糕表面挖一个锥形的盖子，取下盖子，在内部挤一些芒果酱，再撒上芒果粒，盖上盖子，表面以打发到稍稍浓稠的鲜奶油加以装饰即可。

可用市面购买的芒果果酱替代自制芒果酱。

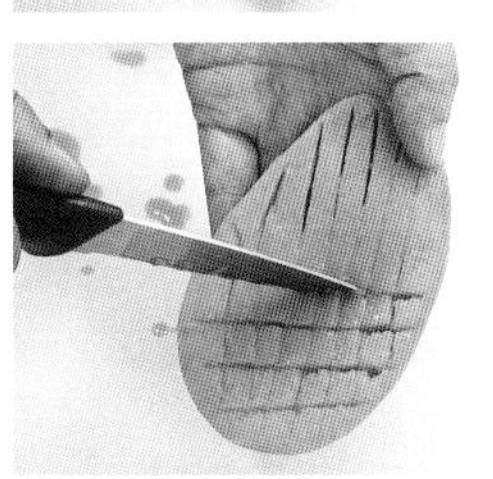

CUPCAKES

香蕉巧克力杯子蛋糕

●材料 INGREDIENTS

A. 香蕉干片 >

香蕉——2根

糖——30克

B. 香蕉糊 >

香蕉——1根

鸡蛋——30克

糖——80克

植物油——50毫升

牛奶——65毫升

低筋面粉——100克

泡打粉——2克

小苏打——1克

可可粉——10克

C. 蛋糕装饰 >

打发鲜奶油——150克

香蕉片——适量

- 参考分量：8杯
- 烘烤方法：170℃，上下火，中层，20分钟左右

●做法 STEPS

1. 将A料中的香蕉切成薄片，排入烤盘，撒上一层糖，入烤箱100℃烤约30分钟，再调高至140℃烤约10分钟成香蕉干。做好的香蕉干片可以装饰蛋糕，或切成小颗粒加入蛋糕糊。

2. 烤箱预热170℃。

3. 将B料中的香蕉去皮，放保鲜袋中碾压成泥，跟鸡蛋、植物油、牛奶、糖混合搅拌均匀，再混合低筋面粉、泡打粉、小苏打、可可粉，筛入到液体里，搅拌成面糊。

4. 面糊装入纸杯，六七分满即可，放入烤箱中层，上下火，设定170℃，烤约20分钟。

5. 取出蛋糕放凉，挤上打发的鲜奶油，装饰香蕉片即可。

CUPCAKES

紫薯杯子蛋糕

CAKE BISCUIT

●材料 INGREDIENTS

紫薯面糊 >
黄油——70克
糖——75克
紫薯泥——120克
鸡蛋——60克
面粉——110克
泡打粉——1/2小匙
盐——1/8小匙
牛奶——50毫升

蛋糕装饰 >
打发鲜奶油——100克
熟紫薯丁——适量
蜂蜜——适量

· 参考分量：8杯
· 烘烤方法：175℃，上下火，中层，约25分钟

●做法 STEPS

1. 烤箱预热175℃，模具垫不沾油纸杯，紫薯提前蒸熟，做成薯泥，备用。

2. 黄油切小块，加糖，用打蛋器搅打至黄油蓬松、颜色发白，加入放凉的紫薯泥搅打均匀。将打散的鸡蛋分3次加入黄油即可。

3. 将面粉、泡打粉和盐混合筛入黄油中，再加入牛奶拌匀成面糊。

4. 把面糊均匀地挤入模具，大约七分满，放入烤箱中层，上下火，以175℃烘烤约25分钟。

5. 蛋糕烤好放凉后，挤适量打发的鲜奶油，撒上熟的紫薯丁，最后再浇一点蜂蜜即可。

CUPCAKES

艾草杯子蛋糕

●材料 INGREDIENTS

艾草面糊 >

黄油——70克

糖——70克

鸡蛋——80克

柠檬汁——5毫升

艾草粉——2克（1大勺）

低筋面粉——110克

泡打粉——1/2小匙

盐——1/8小匙

牛奶——30毫升

蛋糕装饰 >

打发鲜奶油——150克

彩色糖果——适量

- 参考分量：8杯
- 烘烤方法：180℃，上下火，中层，烤25分钟左右

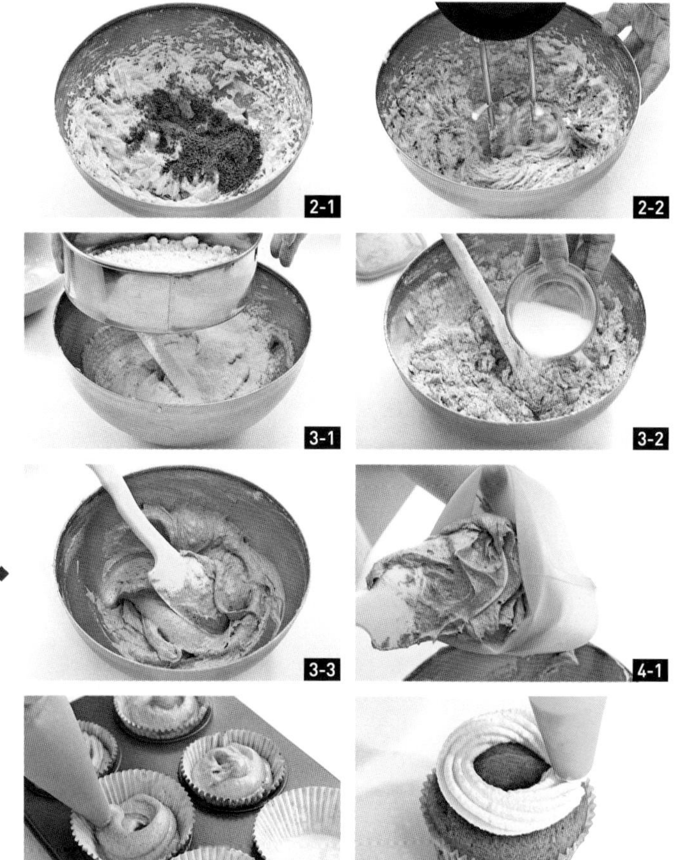

●做法 STEPS

1. 烤箱预热180℃，模具垫不沾油纸，备用。

2. 将黄油提前从冰箱取出恢复室温，切小块，和糖混合，用电动打蛋器搅打至黄油蓬松发白。将鸡蛋打散，分5次倒入打好的黄油中，每次加入鸡蛋都要搅打至完全被黄油吸收，再加下一次蛋液，最后加入柠檬汁、艾草粉拌匀。

3. 将低筋面粉、泡打粉、盐混合筛入黄油中，再倒入牛奶，搅拌均匀成面糊。

4. 把面糊均匀地挤在玛芬杯中，七八分满即可。

5. 将纸杯放入烤箱中层，上下火，以180℃烤约25分钟至表面金黄，用竹签插入蛋糕内部没有黏连湿面糊即可。

6. 取出蛋糕放凉，挤上打发的鲜奶油、彩色糖果装饰即可。

CUPCAKES

蒙布朗杯子蛋糕

●材料 INGREDIENTS

A. 焦糖栗子 >

糖——30克

水——15毫升

去皮熟栗子——适量

B. 蛋糕面糊 >

蛋黄——3个

糖——60克

融化黄油——20克

低筋面粉——20克

蛋白——3个

C. 栗子黄油泥 >

黄油——30克

糖粉——10克

栗子泥——100克

朗姆酒——5毫升

D. 蛋糕装饰 >

打发鲜奶油——100克

煮栗子——适量

- 参考分量：8杯
- 烘烤方法：180℃，上下火，中层，烤20分钟左右

●做法 STEPS

1. 烤箱预热180℃。将A料中的糖和水混合加热成浅琥珀色的焦糖液，加入去皮熟栗子，小火煮3～4分钟，成焦糖栗子，放凉备用。

2. 将B料中的蛋黄和15克糖混合搅打，然后加入融化的黄油拌匀，再筛入面粉，搅拌成面糊。

3. 将蛋白和45克糖混合搅打至七分发泡的湿性状态，与面糊混合均匀。

4. 将面糊倒入纸杯约八分满，放入烤箱中层，上下火，以180℃烤约20分钟至表面金黄，用竹签插入蛋糕内部没有黏连湿面糊即可。

5. 取出蛋糕放凉。将C料中的黄油室温软化后切小块，与糖粉混合搅打至黄油顺滑，加入栗子泥和朗姆酒拌匀，再过筛一次，使栗子黄油更细腻。

6. 将蒙布朗专用花嘴装入裱花袋，装入栗子黄油泥，先用D料中的打发鲜奶油在蛋糕表面挤一个奶油球，然后用栗子泥包裹在奶油球四周呈山峰状，最后装饰焦糖煮栗子即可。

CUPCAKES

奶酪杯子蛋糕

●材料 INGREDIENTS

奶酪糊 >

奶油奶酪——65克
糖——45克
盐——0.5克
黄油——50克
鸡蛋——1个
牛奶——50毫升
低筋面粉——100克
泡打粉——1小勺
芝士粉——10克

蛋糕装饰 >

打发鲜奶油——120克
草莓——适量

- 参考分量：6杯
- 烘烤方法：175℃，上下火，中层，约25分钟

Cooking tips

●芝士粉的味道更重，加入蛋糕会有很浓郁的奶酪香味。如果没有可以省略。

●做法 STEPS

1. 烤箱预热175℃，模具垫不沾油纸杯，备用。

2. 将奶油奶酪切成小块，加入糖、盐，隔热水搅打至奶酪顺滑取出，加入放软的黄油，继续搅打均匀。

3. 将牛奶和打散的鸡蛋搅拌均匀，分4次加入奶酪黄油中，每加入一次都要搅打均匀。

4. 筛入低筋面粉和泡打粉，再撒入芝士粉搅拌均匀。

5. 将面糊倒入模具八分满，放入烤箱中层，上下火，以175℃烤约25分钟。

6. 将蛋糕取出放凉，挤上打发鲜奶油，再装饰鲜草莓即可。

CUPCAKES

小熊猫杯子蛋糕

CAKE BISCUIT

●材料 INGREDIENTS

杯子蛋糕——6个

奶酪糖霜 >
奶油奶酪——120克
糖粉——35克
橙味香精——1毫升
打发鲜奶油——50克

表面装饰 >
巧克力酱——适量
奥利奥饼干——适量

· 参考分量：6杯
· 烘烤方法：160℃，上下火，中层，约25分钟

●做法 STEPS

1. 参考任意一款杯子蛋糕面糊的制作方法制作面糊，放入预热好的烤箱中层，上下火，以160℃烘烤约25分钟至表面金黄。

2. 将奶油奶酪室温软化后切小块，加入糖粉，隔水加热，搅打至奶酪顺滑取出。稍放凉，与打发的50克鲜奶油混合均匀，成奶酪糖霜。

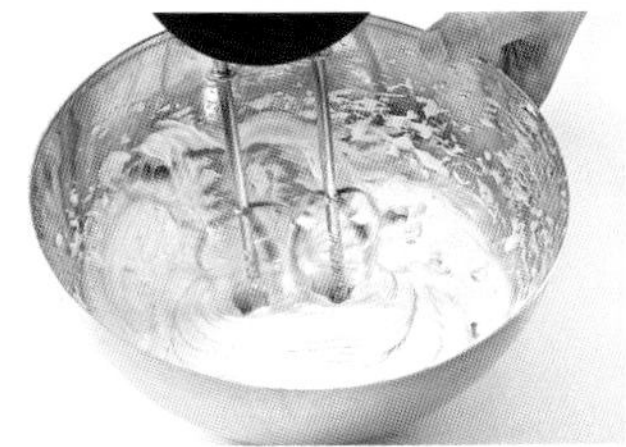

3. 奥利奥饼干剪切成两大两小，分别当作小熊猫的耳朵和眼睛。

4. 将1厘米直径的圆形花嘴装入裱花袋，然后装入奶酪糖霜，在蛋糕表面挤出一个跟蛋糕直径相近的圆形，作小熊猫的脸部；大点的圆饼干片以45°角插入奶酪糖霜的顶部，作耳朵；两个小的圆饼干片摆放在表面，当作黑眼圈。再用奶酪糖霜在黑眼圈上点上眼睛，最后用黑巧克力酱画出眼珠和鼻子即可。

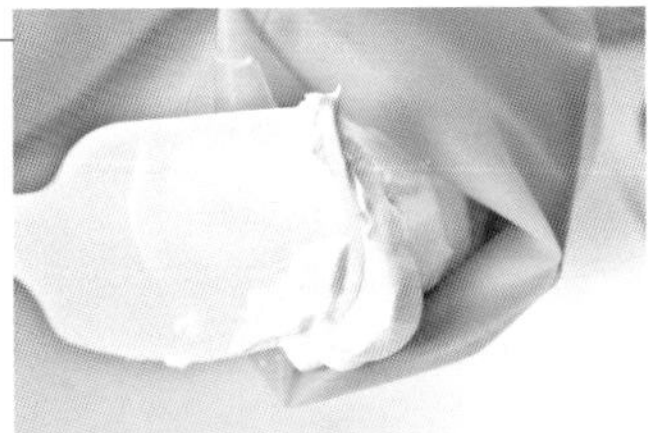

CUPCAKES

小熊杯子蛋糕

●材料 INGREDIENTS

杯子蛋糕——6个

巧克力奶油霜 >
黄油——70克
糖粉——15克
融化巧克力——50克
打发鲜奶油——70克

蛋糕装饰 >
巧克力酱——适量
奥利奥饼干——适量
白色巧克力片——适量

- 参考分量：6杯
- 烘烤方法：170℃，上下火，中层，烤约20分钟

●做法 STEPS

1. 参照第176页香蕉巧克力杯子蛋糕中蛋糕面糊的做法（不放香蕉）做好面糊，放入烤箱中层，上下火，以170℃烤约20分钟。

2. 将黄油室温软化后切小块，加入糖粉，搅打至黄油微微膨胀颜色发白，加融化的巧克力继续搅打至黄油和巧克力混合均匀，最后加入打发好的鲜奶油，搅拌均匀成巧克力奶油霜。

3. 把1厘米直径的圆形花嘴装入裱花袋，装入巧克力奶油霜，在蛋糕表面挤出一个跟蛋糕直径相近的圆形，当作小熊的脸部；奥利奥饼干以45°角插入巧克力奶油霜的顶部，当作耳朵；白色巧克力片摆放在表面，当作鼻子；再用黑巧克力酱画出眼睛和嘴即可。

CUPCAKES

圣诞树杯子蛋糕

●材料 INGREDIENTS

杯子蛋糕——4个

装饰糖霜 >

糖粉——170克
蛋白——20克
柠檬汁——2滴
食用绿色素——适量

蛋糕装饰 >

彩色糖果——适量
糖粉——适量

• 参考分量：4杯
• 烘烤方法：170℃，上下火，中层，烤约20分钟

●做法 STEPS

1. 参考任意一款杯子蛋糕面糊的制作方法制作面糊，放入预热好的烤箱中层，上下火，以170℃烘烤约20分钟至表面金黄。

Cooking tips

●过干的糖霜会非常好成型，但是不容易挤出并且黏性较差。过湿的话虽然黏性很好，但挤出树枝的形状过软，容易塌陷。过干了可以再加入一点蛋白再继续搅打均匀，过湿就再放点糖粉搅打均匀，依此调整浓稠度即可。

2. 在杯子蛋糕的表面顶部挖出一个锥形帽。将锥形帽倒扣在蛋糕上即成树形。

3. 糖粉全部过筛，蛋白搅打几秒钟至出现大泡泡，加入2滴柠檬汁。将1/4的糖粉加入到蛋白中，继续搅打成比较稀的糖霜，完全搅打均匀后再加入剩余1/3分量搅匀。这时糖霜的浓度会变稠很多，再加入剩余糖粉的1/2分量搅匀。最后的状态是糖霜很浓稠有点干硬，这时依据实际浓度再决定是否将剩余的糖粉全部放入。

4. 在锥形帽和蛋糕之间挤一圈白色糖霜作黏结，将帽和蛋糕体黏住。在蛋糕的杯子口外缘挤一圈白色糖霜做装饰。

5. 将剩余的糖霜加入几滴绿色食用色素，调成绿色糖霜。

6. 将小号的10齿（8齿、6齿均可）花嘴装入裱花袋，再装入糖霜，依蛋糕锥形外缘从下往上挤出一圈圈尖状的树枝，最后撒上些糖粉和彩色糖果即可。

国明的美食课堂

CAKE

BISCUIT

国明姐的
创意饼干蛋糕